KB057101

잠자리 대화의 기적

아이의 감정을 읽고, 서로 소통하며, 인성을 쌓아가는

잠자리 대화의 기적

BEDTIME STORYTELLING

김동화(단우맘) 지음

서 사 원

작가의 말

저는 사실 이성과 논리보다 감정과 본능에 더 충실한 사람인 것 같습니다. 글을 쓸 때도 사건에 의한 서사적인 흐름보다 인물이 갖고 있는 감정의 흐름을 더 중요하게 생각하죠. 그래서 저는 이 책의 모든 이야기에 앞서, '감정'에 관한 이야기를 먼저 하고 싶습니다. 《잠자리 대화의 기적》, 《잠자리 독서의 기적》이란 두 권의 책에 그간 막내 아이와 함께해 온 이야기들을 담았지만, 책에 담고 싶은 저의 메시지는 '감정'에 관한 것입니다. 감정이란 어떤 것인가요. 감정은 사건과 사고, 시간과 공간, 사람과 관계를 느끼고 표현하고 기억하게 합니다. 사람뿐만 아니라 동물과 식물도 이 감정이란 것을 가지고 있다고들 하죠. 저는 이 감정이란 것이, 성장하고 성숙해진다는 것을 이제야 알았습니다.

"감정은 성장하더군요."

그리고 성숙해지더군요. '나이를 먹어가니까, 삶의 경험이 많아지니까, 엄마가 되었으니까.'가 아닙니다. '감정의 성장'은 '감정을 나누면서' 진짜 시작되었고, 감정을 나누기 위해 가장 좋았던 것은 '진솔한 대화'였습니다. 저에게는 세 명의 아들이 있습니다. 이미 20대가 된 두 아들, 그리고 일곱 살 난 막내아들을 두었지요. 제 아이들은 참 수다스러운 아들들입니다. 우리는 정말 많은 대화를 합니다. 특히 아이 한 명 한 명과 일대일 대화를 많이 합니다. 일대일로 서로 마주 보고 이야기하다 보면 아이의 감정은 물론, 나의 감정 역시 조금 더 나은 방향으로 성장해감을 절실히 느낍니다. 감정에 대해 조금 더 이야기해볼까요. 지금껏 살아온 제 인생에서 얻은 감정에 관한 이야기입니다.

10대 이전, 그리 유복하지 않은 날들 속에서 기억나는 것들은 사건이 아니라 그때의 느낌과 감정들입니다. 늘 일하러 나간 엄마를 향한 그리움, 불편한 몸으로 작은 앞마당에 화단을 가꾸시던 아버지를 향한 애틋함, 엄마의 잦은 부재 속에서 자란 여동생에 향한 안타까움. 10대가 되어서도 마찬가지입니다. 이유도 모르고 왕따를 당하거나 유행에 뒤쳐지는 옷차림 때문에 괴롭힘을 당한 적도 있지요.

그러나 그때의 사건보다 강렬하게 남아 있는 것은 그 당시의 '감정'입니다. 감정이 사건을 기억하고 있는 셈이지요. 첫사랑의 설렘, 기쁨, 분노는 또 어떻고요. 연애편지나 펜팔 편지들을 주고받았던 시간 속에서 기억나는 것 역시 구체적인 사건이 아닌, 그때의 느낌과 감정들입니다.

스무 살에는 '아버지'라는 주제가 주어진 대학 입학시험에서 어머니에 대한 강한 분노와 용서, 이해에 대한 감정을 적어 내려간 후, '이런 내

어머니의 남편이자 나를 홀로 키워낸 것이 내 아버지였다.'라는 마지막 문장을 써내 '합격'이란 기쁨을 얻게 됐죠. 비극이 희극이 되는 순간들이었달까요. 감정은 이렇듯 죽지 않고, 되살아나며 한없이 생겨나는, 인간을 이성적이고 논리적으로 단련하게 하는 놀라운 주체입니다. 햄릿이란 작품을 보면 당시 영국의 문화와 연극의 역사를 고스란히 느낄 수 있습니다. 화려한 미사어구, 시적인 은유, 인물들의 끊임없는 독백, 각 인물 간의 장황할 정도로 긴 대화 등을 볼 수 있죠.

하지만 그 작품을 연기한 배우나 연출자가 아니라면 대부분 햄릿이란 작품을 보고 느끼는 것은 '작품 속 인물들의 감정이 얼마나 절실했을까?'일 것입니다. 오필리어는 불쌍해. 햄릿은 저 상황 속에서 어떻게 저런 생각을 했을까. 마음 아프다. 저 상황에 저렇게 말할 수 있다니 멋진 캐릭터야. 비극의 진수를 느꼈어. 비극이란 이렇게 슬플 수밖에. 저 또한 수십 번 읽었던 셰익스피어, 헤르만 헤세, 장 그르니에, 알베르 카뮈 등 좋아하는 작가들의 작품을 보며 지금껏 기억에 남는 것은, 그들의 문구가 아니라, 이야기를 읽으며 여운처럼 남는 강렬한 감정이었습니다. 사건과 사고는 명확히 기억나지 않지요. 이렇듯 첫 시작부터 감정에 관한 이야기를 하는 이유가 있습니다.

'감정'

Emotion is a complex experience of consciousness, sensation, and behavior reflecting the personal significance of a thing, event, or state of affairs.

강신주 인문학 박사님의 《감정수업》이란 책에서 흥미로웠던 부분이 있습니다.

인간은 본질적으로 이성적인 존재일까? 이것은 감정의 강력함에 직면했던 인간의 절망스러운 소망에 지나지 않을 것이다. 한 번이라도 자신과 타인을 제대로 응시했다면 누구나 인간이 이성적이기보다는 감정적이라는 사실을 쉽게 알 수 있다.

거장들의 작품들은 각각 하나의 감정을 다채롭게 분석하는데 할애되어 있다.

그분의 말대로 감정은 수많은 얼굴과 색깔을 가졌으며, 감정의 철학자 스피노자가 강조했던, '감정을 긍정적이고 지혜롭게 발휘하는 방법'을 찾아야 한다는 데 동감합니다. 감정은 이성을 훈련시키고, 논리를 가질 수 있게 동기를 부여하며 감성을 가꾸는 가장 근본적인 것입니다.

인생을 살며 수없이 많은 감정이 자라고 줄어들고 무뎌지고 섬세해지지만, 저에게 있어서 나의 감정을 돌보는 것 외에 누군가의 감정을 지속적으로 바라보고 관찰하고 염려하고 고민하게 된 것은 '엄마'가 된 이후부터였습니다. 아이의 감정을 보듬으면 나의 감정이 보듬어지고, 아이의 감정을 내버려두면 이미 내 감정도 내버린 상태였음을 깨닫는 중이지요. 즉 아이들과의 대화를 통해 어른이 어른다워지고 철이 들어간다는 사실입니다.

"아이는 과거를 묻지 않습니다."

어른의 실수, 어른의 결핍을 용서해주고, 늘 사랑을 갈구하는 우리 아이들은 절대 과거를 따지지 않습니다. 그들은 사랑을 원합니다. 그들은 우리에게 고요한 사랑을 원합니다. 우리가 그들의 고요한 물결이 되어줄 때, 아이들은 더 멀리 자신의 거친 인생의 물결을 담대하게 넘고, 저 멀리 또 다른 고요한 물결이 존재함을 믿고 거침없이 나아갈 것입니다. 그리고 함께 만들어갈 감정의 성장을 위해, 우리는 아이들과 수많은 '이야기'를 '나눠야만' 할 것입니다. 그렇습니다. 저는 수다쟁이 세 아들을 통해 오늘도 성장하고 있습니다.

"단우야, 오늘은 형아가 엄마 좀 빌리자. 형아도 엄마랑 오랜만에 얘기 좀 하게."

매일 저녁 앞다퉈 엄마와 이야기하고 싶어 경쟁하듯 엄마를 빌리는 세 아이를 내 생이 다할 때까지 열렬히 사랑할 것입니다.

2020.11.

빛나는 아이들의 엄마가 된,
비로소 어른이 되어가는
김동화 드림

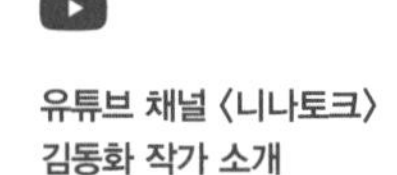

유튜브 채널 〈니나토크〉
김동화 작가 소개

일상에서 아이와 대화를 깊게 나누기란 쉽지 않습니다. 감정을 깊게 들여다보며 서로의 마음을 충분히 이해해주기에 우리의 일상은 반복적이죠. 밥을 먹이고, 재우고, 학교를 보내고, 또 밥을 먹이고, 재워야 합니다. 또 그 일상 속에서는 대화의 실수도 빈번하죠.

"밥 먹자. 밥 먹어야지. 세 번 말했어. 1분 줄게. 빨리 오자. 앉자. 먹자. 골고루 먹자. 남기지 말아야지. 흘리지 말아야지. 다 먹고 놀아야지. 숙제해야지. 엄마 말 안 들리니? 너 뭐하니? 안 씻어? 나랑 싸우고 싶니? 어! 빨리 씻고 자자 좀!"

일상에서 누구나 할 수 있는 말들입니다. 이 말들은 사실 아이가 듣기에 매우 일방적이죠. 수직적이며, 아이의 자율성이 보장되어 보이지 않고, 강압적이거나 협박으로 들리기도 합니다. 그래서 아이로 하여금, 지키고 싶지 않은 마음이 들게 하고, 화나게 하죠. 소리를 지른다거나 방문을 닫고 들어가거나, 엄마 말을 따라하며 놀리거나, 울거나, 딴 짓을 하게 하기도 합니다. 이게 바로 우리의 가장 쉬운 일상이고, 가장 평범한 대화의 질이죠. 그러나 저는 이렇게 생각합니다.

"이게 그렇게 나빠? 이게 그렇게 잘못된 거야?"

아뇨. 저는 이런 대화가 잘못되었다고 생각하지 않습니다. 자연스러운 것이라고 생각합니다. 아이와 나, 우리에게는 각자의 감정이 있습니다. 자기 감정을 표현할 수밖에 없습니다. 그리고 내 감정의 표현은 '내 맘'입니다. 나도 모르게 나올 수 있고, 실수할 수 있습니다. 감정은 이성과 다릅니다. 실수 투성이고, 반복 투성이고, 쉽게 통제되지 않습니다. 내 아이도 나도 감정을 표현하는 것은 잘못된 게 아닙니다.

단지, 감정을 표현하고 난 후, '실수했어. 미안하네. 후회되네. 사과해야겠네. 다시는 그러지 말아야겠네.'라고 다시금 나의 감정을 돌아볼 수 있으면 되는 것입니다. 그때 내 감정에 대해 아이에게 솔직히 설명할 수 있다면, 그리고 용서를 구할 용기가 있다면, '좀 더 서로 잘하자'라고 먼저 고백하고 약속한다면, 불완전하고, 실수 투성이로 보이는 우리의 일상 속 감정이 자책이나 죄의식으로만 귀결되지는 않을 것입니다.

일상에서 무심코 나온 내 비수 같은 말로 아이를 다치게 했습니다. 아이가 토라져서 잠자리에서 뒤척이거나, 화를 내거나 울고 있을 때, 혹은 겁에 질렸거나, 입을 꾹 닫고 있을 때, 우리는 잠자리 대화를 통해 이 감정을 회복할 수 있습니다. 오늘이 아니라면 내일 밤도 될 수 있습니다.

아이와 조용히, 우리의 일상을 되돌아보며, 누가 왜 그때 그랬는지, 왜 그런 말을 하게 됐는지, 나는 어땠고 너는 어땠는지, 내 마음은 사실 이랬고, 그런데 그렇게 말한 건 실수였다고, 네가 많이 놀랐을 거라고, 미안하다고, 나도 너도 우리는 누구나 실수를 한다고, 하지만 우리 노력하자고, 먼저 실수한 사람이 먼저 미안하다고 고백하자고 말할 수 있습니다. 잠자리에서는 그게 가능합니다. 가장 최적의 시간입니다.

그뿐만이 아닙니다.

잠자리 대화는 잘못을 고백할 수 있는 최적의 시간일 뿐만 아니라, 우리가 함께 나누며 그냥 지나칠 수 있는 일상에서 보석 같은 순간을 찾아보는 시간(treasure time)이기도 합니다. 주변의 많은 엄마들이 '잠자리에서 어떤 대화를 해야 할지 모르겠어요. 무슨 이야기를 나누는 게 좋은지 모르겠어요. 잠자리에서 같이 자기 바빠요. 잠자리에서 무슨 얘기를 하면 좋을까요?'라고 물어보셨습니다.

"그냥, 오늘 있었던 일을 쭉 얘기해봐요. 그렇게 대화가 시작되면, 기적을 보게 되니까요."

제가 아이와 잠자리에서 나눈 이야기를 들려드리는 이유도 여기에 있지요. 어떻게 작은 기적을 보게 될지 궁금하실 겁니다. 장성애 소장님의 《영재들의 비밀습관 하브루타》라는 책에서는 이렇게 말합니다.

> 대화가 어렵게 느껴진다면 이야기로 생각하면 어떨까요? 여기서 이야기란 바로 내 삶 자체를 말하는 것이지요.
> 궁극적으로 아이들이 삶의 주체가 되어 나만의 이야기를 만들도록 도와야 합니다.
> 부모님들은 자기의 이야기를 안 하시는데 자녀들이 어떻게 이야기할 수 있을까요? 부모님들이 이야기를 안 하시면 아이들도 이야기하지 않는 것이 당연한 거지요. 이야기하는 것을 배우지 못한 것과 같지 않을까요.

얼마나 공감 가는 이야기인가요. 비단 영재들의 습관, 교육으로 이어지는 효과뿐이겠습니까. 그렇다면 저는 여기에 보태어 보장합니다. 아이와 잠자리에서 이야기를 나누는 순간, 그때 일어나는 감정과 대화를 통해 기적을 볼 수 있으며, 어느 날 내 아이가 멋진 스토리텔러, 멋진 상상가, 멋진 마음씨와 생각을 지닌 아이로 성장해가고 있음을 느낄 거라고. 그리고 그 아이의 옆에 나라는 사람이 함께 멋지게 성장해가고 있음을 느낄 거라고. 서툴고 실수하는 우리지만, 매일 조금씩 서로를 알아가게 될 거라고. 다시 돌아가, 감정에 관한 이야기를 좀 더 해볼까 합니다.

'일상에서 좀 더 제대로 대화를 나눌 수 있어야 해, 감정을 잘 표현해야 해.'

맞습니다. 우리는 실수 투성이라 되도록 실수를 하지 않기 위해 노력하기를 원합니다. 내 감정은 내 거라고 아이에게 함부로 하는 것은 문제가 있죠. 수직적인 말을 듣고 좋아할 사람은 그 누구도 없으니까요. 아무리 그날 밤 용서를 구했다고 해도, 아이는 이렇게 말하겠죠.

"엄마, 그러게 처음부터 그렇게 말하지 않았으면 좋았잖아. 이미 난 기분이 안 좋아. 내가 아무리 잘못했어도 엄마가 한 행동도 다르지 않았어."

오오. 어쩌죠. 제 아들이 이렇게 말한 적이 있었거든요. 그러면, 감정을 잘 표현하는 법을 고민하지 않을 수 없습니다. 이렇게 놓고 보니 다시 좀 복잡해집니다. 많은 책에서 제시하는 대화법들은 각각의 이름과 명칭을 가지며 조금씩 같은 듯, 다른 솔루션을 제공하고 있습니다. 그래서 우리는 모든 책에서 말하는 핵심을 찾아야 하고, 본질이 뭔지 알아야 하고, 간단명료하게 정리를 해야 하죠.

"그래서 내가 할 수 있는 가장 쉬운 대입은?"

이 책의 초고가 끝나고 며칠 뒤 출판사 대표님과 만나 원고에 관한 이런저런 이야기를 나눴죠.

"이 책을 쓰면서 읽어본 육아서와 관련 책들에서, 우리가 얻을 수 있는 궁극적인 키워드가 뭘까. 어떻게 생활에 적용하면 좋을까. 가장 쉽게 해볼 수 있는 것은 뭘까 고민했어요. 어떻게 하면 아이와 멋진 관계를 맺을 수 있을까가 핵심이니까요."

아동심리학, 육아 전문가들이 '공통적'으로 말하는 것을 '어떻게' 내 아이에게 '순간순간' 적용할 수 있을까요. 그래서 가장 쉬운 키워드를 몇 가지 추려보았죠. 그리고 그 키워드를 내 아이와 이야기할 때 적용해봤습니다. 정말 놀라운 변화가 생기더군요. 제가 가장 효과를 본 대화 방법은

바로,

'내가 아이의 가장 친한 친구라면'

이었습니다. 어떤가요? 쉬운 대입이 되나요? 가늠되나요? 자, 그럼 더 가보겠습니다. 여러분은 아래 네 가지 부모 유형에 관한 이야기를 들어보셨을 겁니다.

권위주의적인 부모(authoritarian parenting)
권위가 있는 부모(authoritative parenting) = 민주적인 부모
허용적인 부모(permissive parenting)
자유방임하는 부모(uninvolved parenting)

저는 여러 책에서 언급하는 '부모와 아이의 대화 방법' 중 이 키워드가 가장 쉬웠고 납득이 됐습니다. 이 키워드를 가지고 "내가 내 아이에게 가장 친한 친구라면?"이란 대입을 여러 상황에서 해보았습니다. 그러자 관계가 좋아짐은 물론, 서로에 대한 두터운 믿음, 그리고 타협, 공평하게 서로 존중받는 상황들이 생기게 되었죠. 쉽게 말해, 아이랑 지내며 스트레스 받을 일이 지극히 낮아진 것이죠. 아이 또한 그렇고요. 한번 끔찍한 예

를 들어보겠습니다.

쉽게 말해 권위주의적인 부모는,

"난, 소리 지르는 게 익숙해. 명령조로 얘기하지. 말 안 들으면 가만 안 냅둬. 야! 너! 내 말 안 들려! 지금 장난해! 엄마 말이 우습냐!"

권위가 있는 부모는,

"엄마 진짜 화가 나는데, 나 너랑 대화가 필요한 것 같아. 넌 어때. 너도 화가 난 것 같은데, 우리 뭐가 문젠지 서로 얘기해봐야 하지 않겠어? 엄마는 너한테 소리 지르거나 씩씩대고 싶지 않고, 너랑 행복하게 지내고 싶어. 너도 그렇다고 생각하는데, 네 생각은 어때?"

허용적인 부모는,

"엄마가 화나게 했지? 미안, 미안, 소리 지르지 마. 아가, 울지 마, 내가 잘못했어. 뭐 갖고 싶은 거 있으면 다 말해. 엄마가 다 사줄게. 내 예쁜

아가한테 엄마가 왜 그랬지. 뭐 갖고 싶어? 이거 해줄까? 저거 해줄까? 이제 네가 하고 싶은 대로 다 해도 돼."

자유방임하는 부모는,

"네가 화나든 말든, 난 모르겠고, 네 맘대로 해라. 가서 울든 말든. 네 방 들어가서 울든가. 나 지금 할 일이 태산이거든?"

어떠세요. 이 끔찍한 상황의 차이점 보이시나요. 어떤 대화가 그나마 가장 낫다고 생각이 드나요. 아마, 당연히 두 번째 권위가 있는(민주적인 태도) 부모가 하는 말이지라고 생각이 들 거예요. 누가 봐도, 아이를 배려하는 태도가 합리적으로 보이니 말이죠. 그런데 사실, 문제는 이 네 가지 부모 유형의 대화 방법이 실제 대화에서는 미묘하게 닮아 있기 때문에 우린 자주 실수를 하고, 헷갈리고, 어려워한다는 것입니다.

'그래, 네 가지 유형 중에, 권위 있는 부모, 다시 말해 민주적인 부모가 되는 게 가장 현명한 방법이지. 근데, 어떨 땐 네 가지가 다 범벅이 된 말을 하기도 하잖아. 난 민주적이라고 생각하고 말하는데, 애는 그렇게 생각하지 않을 수도 있고, 말하다 보면, 소리 지르고, 협박도 하게 되고, 애가 원하는 거 들어줘야 하기도 하고, 사주기도 해야 하고, 좀 울라고 놔두기도 해야 하고, 어쩌라고?'

이런 생각이 들지 않나요? 저는 이런 생각이 들었습니다. 물론, 권위를 가진 부모(민주주의적인 부모)를 지향해야 한다는 것에 전적으로 동의하면서 말이죠. 그래서 다른 생각을 해보게 됩니다. 내가 민주주의적이며 권위를 가진 올바른 부모가 될 수 있는 최선의 방법, 그걸 지향하면서 가져야 할 가장 쉬운 대입.

'나한테는 아주아주 오래되고 친한 친구가 있어. 30년도 넘은 친구지… 내가 어떤 사람인지 너무 잘 아는 친구, 가끔 나에게 충고해주는 친구, 위로해주는 친구, 함께 기뻐해줄 친구, 끌어안고 엉엉 울어줄 친구, 다투고 싸워도 자연스럽게 화해가 되는 친구가 있지. 우리는 서로 어떻게 해야 하는지 너무 잘 아는 친구지. 말하지 않아도 서로의 마음을 잘 이해하고, 멀리 있어도 늘 곁에 있는 것 같은 친구. 나한테 그런 친구가 있어.'

이 친구한테 하듯 하면 된다는 것이었습니다. 내 아이에게도 똑같이.

내 아이와 이런 관계를 만들어가는 것이었습니다. '내가 내 친구와 어떻게 이렇게까지 친한 관계가 되었지?'를 생각해 보면서요.

여러분에게는 이런 친구가 있나요? 단 한 명의 친구라도, 내게는 너무나 소중한 친구. 내 인생에 절대 없어서는 안 될, 그런 친구 말입니다. 그렇다면 이 친구와 어떻게 관계를 이어왔나요. 어떻게 이렇게 성공적이고 이상적인, 아름다운 관계를 갖게 됐나요. 그건 바로, 서로가 서로에게 어떻게 대하는지 잘 알고 있기 때문일 것입니다.

내 친구는 내게 엄마 같기도 하고, 선생님 같을 때도 있으며, 어린 동생 같을 때도 있고, 남편 같을 때, 아내 같을 때도 있습니다. 내 친구는 내게 뭐든 될 수 있는 소중한 존재인 것입니다.

그럼 한번 대입해보는 겁니다. 우리는 위의 네 가지 부모 유형을 넘나드는 실수 투성이 부모입니다. 그러면서도 늘 나아지는 방법, 옳은 방법, 사랑이 충만해지는 방법을 고민합니다. 바로 내 친구와의 관계를 만들어왔던 그 오랜 과정과 시간처럼 말이죠.

아이는 하나의 인격이다.
아이의 눈높이에 맞게 대화해라.
아이의 마음을 들여다봐라.

이런 말들은 바로, 내가 나의 소중한 사람과 '관계'를 맺을 때 노력하는 것과 같은 태도를 이야기하는 것입니다. 중요한 건, 내가 내 아이와 대화할 때 실수를 염려하고, 이게 맞나를 가늠하는 것이 아니라, 나의 실수를, 나의 부족함을 내 아이가 어떻게 바라보게 하느냐일 것입니다. 민주적인 부모란 말은 아마도, 너와 내가 다르지 않음을 인정하고, 너와 내가 다르다는 것을 분명히 하며 그 타협점을 찾아가는 자세라는 생각이 듭니다.

어머, 내가 너무 애한테 윽박질렀네. 협박했네.
어머, 내가 너무 애를 냅뒀더니 제멋대로네.
어머, 내가 너무 애한테 끌려다니네.

자책보다 반성, 무관심보다 노력하는 마음은 그 누구와의 관계에서도 필요한 아름다운 마음씨일 것입니다. 하물며, 내 아이에게 그런 마음을 갖는다면, 내 아이가 나를 얼마나 인정해줄까요. 아이는 나의 가장 친한 친구와 진배없습니다. 그러니 가끔 실수해도 되고, 싸워도 됩니다. 화해하면 되니까요. 잘못했다 고백하면 되니까요. 그리고 '내 생각은 이래.'라고 나의 진심을 이야기하면 되니까요.

지금 내 아이는

충분히 들을 준비가 되어 있고,
충분히 용서해줄 준비가 되어 있으며,
충분히 당신을 사랑합니다.

지금 내 아이는

우리 인생에서 가장 소중한 친구입니다. 우리는 이 친구와 정말 많은 것을 함께 할 수 있고, 아주 오랜 시간을 통해 서로의 가장 멋진 사람이 되어줄 수 있습니다.

얼마나 신비로운가요.
내 가장 친한 친구의 탄생과 성장을 모두 알 수 있다니!

유튜브 채널 〈니나토크〉
프롤로그

"고마워, 버디!
너의 모든 걸 나와 공유해줘서 말이야!"

차례

Chapter 2

습관

Chapter 3

의미 없이 행복한 단어

Chapter 4

외출

Chapter 5

에필로그 성장단어

Bedtime Storytelling

엄마와 아이가 함께 만드는
'잠자리 대화의 기적' 그 시작

처음에는 저도 이런 생각을 해본 적 없었죠. 만 24개월, 아이가 세 살이 되기 전까진 체력 고갈이 정신 고갈로 이어지는 힘든 시간이었어요. 그저 해준 거라곤 잠자리에서 아이에게 자장가를 불러주거나, 동화책을 읽어주는 것이 다였던 것 같습니다. 그러던 어느 날 단우가 세 살이 막 될 무렵 아이와의 잠자리에서 뜻밖의 대화를 발견하게 됩니다. 바로 오늘 한 일을 쭉 이야기해보는 것이었죠.

"아이고 우리 애기, 오늘 우리 참 많은 걸 했네. 우리가 뭐 했더라…?"

실은 처음엔 저 혼자 중얼거리는 것에 지나지 않았죠.

“단우가 오늘 엄청 일찍 일어났지… 다섯 시 반인가… 엄마가 졸려서 눈이 감겼는데… 단우가 엄마를 흔들었어… 그리고… 어린이집에 갔었지… 아침엔 뭘 먹었더라… 단우보다 작은형이 늦게 들어왔지… 단우가 먼저 엄마랑 놀고 있으니까 형이 들어왔지… 단우랑 무슨 놀이를 했더라… 아 맞다, 블록으로 로봇 놀이를 했었지. 엄마는 로봇놀이가 별로 재미없더라. 엄마는 로봇 놀이가 왜 재미가 없지? 내일은 다른 놀이 해봤으면 좋겠어… 음… 그리고 단우랑 저녁밥으로 뭘 먹었지? 형아가 와서 밥을 먹는 동안 단우는 뭐 했더라….”

한숨도 반쯤 나오고 피곤함도 반쯤 섞인 목소리였습니다. 그런데 그렇게 혼자 중얼거리다 정말 오늘 어떻게 보냈는지 구체적으로 기억나지 않아 물어봤죠.

“단우야, 너는 기억나? 우리가 무슨 놀이를 했더라? 왜 엄마는 기억이 안 날까?”

그러자 아이가 말하는 거예요.

“나는 피닉스, 엄마는 우가바 했지.”
“아, 맞다! 그랬네! 피닉스가 우가바보다 셌지. 단우가 이겼잖아.”
“응. 나는 피닉스가 좋거든.”
“왜?”

"하늘을 날아다녀."

"하늘 나는 게 좋아?"

"멋지지."

"아, 멋지구나. 엄마는 우가바도 멋져. 고릴라는 힘이 세잖아."

우리는 누워서 그날 있었던 일을 좀 더 구체적으로 기억하며 하나하나 말을 이어갔습니다. 신기하게도 그 대화가 참 좋은 거예요. 아이와 로봇 놀이를 하는 동안은 몰랐던 아이의 마음도 읽을 수 있었고, 저의 마음도 아이에게 전했죠.

"엄마는 로봇 놀이가 왜 재미없지. 그래도 다누랑 더 재밌게 놀아줄 걸. 그치?"

그러자 아이가 울기 시작하더군요. 제가 로봇 놀이를 제대로 해주지 않았단 걸 정확히 느끼고 있었기 때문이었을 겁니다.

"난 재밌는데, 왜."

세 살 아이가 말하는 아이의 감정. 저는 아이를 꼭 껴안고 말했습니다.

"미안해. 엄마가 잘못한 거 같아. 내일은 단우랑 더 재밌게 놀아줄 거야. 엄마가 약속할게."

그날 이후, 저는 밤마다 잠자리 책을 함께 읽은 후, 책을 내려놓고 아이와 그날의 이야기를 하게 되었습니다. 우리가 무엇을 했는지, 무엇이 재밌었는지, 어떤 느낌이었는지, 아침에 깨서 잠에 든 그 순간까지 하나하나 되짚어 보며 우리의 감정들을 따라갔습니다. 더 일찍 아이와 이런 시간을 가질 걸. 하루를 마무리하며 잠에 편히 들기까지 더 보듬고 더 들어줄 걸.

'늦은 건 아니야.'

만약 내 아이와의 하루가 일상적이고 반복적인 이야기로 끝나고 서로의 감정을 점검할 충분한 시간이 없었다면, 오늘 밤 서로의 감정을 깊게 바라보세요. 오늘 일과를 이야기하듯, 아이와 있었던 소소한 일상을 짚어가다 보면, 나와 아이도 몰랐던 많은 감정들을 만날 수 있을 거예요.

"오늘 많은 일이 있었네. 일어나자마자 우리 어땠더라? 뭘 했었지? 어떤 일들이 있었지? 맞아… 그러네… 오늘도 참 많은 걸 함께 해냈네."

유튜브 채널 〈니나토크〉
잠자리, 감정을 깊게 돌아보는 시간

Bedtime Storytelling

Chapter 1

하루 일기

"우리는 일상에서 보석 같은 찰나를 찾을 수 있어요.
어쩌면 그냥 지나쳐버릴 뻔한, 그 순간을 발견해야 해요."

오늘 하루로 만드는 옛날이야기

"아이의 일상으로 옛날이야기를 만든 적 있나요?"

"엄마, 옛날 얘기해줘"라는 말을 들으면 어떤 얘기를 해줘야 하나 난감해질 거예요. 옛날이야기라고 해서 꼭 전래동화만 생각하지 않아도 돼요. 그래서 가장 쉬운 방법을 알려드릴까 합니다. 그건 바로 오늘 우리 아이를 바라본 엄마의 이야기입니다. 오늘 아침 눈을 뜨고 학교에 가고 다녀와서 놀고 밥을 먹고 또 놀고 잠들기 전까지 우리는 아이의 곁에서 아이를 보게 됩니다. 여러 감정이 오가고 대화도 합니다. 그 얘기들이 오늘의 잠자리 이야기가 되는 것이죠. 주인공은 우리 아이입니다. 이때 내 아이를 바라보는 엄마의 감정을 이야기해줄 수 있습니다. 아이는 엄마라는 화자를 통해 자신을 돌아보고, 자신에 대한 엄마의 감정과 생각들을 알아가게 됩니다.

이야기를 만들게 된 모티브

어느 날 아침 단우는 '엄마, 엄마!' 하고 저를 애타게 불렀습니다. 방에 가서 보니, 눈을 비비며 팔을 벌리고 앉아 있었지요. 아기같이 어리광을 부리는 귀여운 여섯 살 단우는 "엄마, 나 좀 꼭 안아주라. 안고 거실까지 가봐."라고 말했죠. 20kg가 넘는 아이를 품에 안고 거실에 나왔습니다.

찌찌를 만지려는 아이에게 "너 누구니? 누다니? 우리 단우는 엄마 찌찌 잘 안 만지는데? 누다야, 우리 단우 어딨니?" 하고 놀렸더니, "엄마, 나는 누다 아니야. 단우야. 엄마는 단우 엄마야. 자꾸 그러면 엄마랑 안 놀아줄 거야."라고 울먹거렸죠. 누다는 단우가 잘못된 행동을 하거나, 바르지 않은 행동을 할 때, 혹은 아이를 놀리고 싶을 때 등장하는 단우의 이름을 반대로 가진 주인공이죠.

우연히 몇 년 전 아이와 책을 읽다가 슈퍼맨과 정반대의 성격을 가진 비자로라는 캐릭터를 알게 되었는데, 그때 비자로에 대한 강한 인상이 남았거든요. 비자로는 슈퍼맨처럼 힘이 세지만, 자신의 능력을 잘 모르고 실수 투성이에요. 슈퍼맨이 되고 싶은 비자로는 슈퍼맨이 하는 능력들을 배우고 싶어 슈퍼맨을 찾아가서 연습을 합니다. 물론 실수도 많고 스스로 실망도 하지만, 노력을 멈추지 않아요. 결국 슈퍼맨은 그런 비자로에게 메달 선물을 주죠. 이 이야기처럼, 단우에게 가끔 '누다' 이야기를 해주곤 합니다. (누다와 관련된 이야기는 다시 언급할게요.)

어쨌든 누다라고 놀린 것에 미안한 마음이 들어 "미안해, 엄마가 놀린 거 사과할게."라고 했지만 단우의 기분이 쉽게 풀어지지 않은 것 같았어요. 그때 생각했죠. 밤에 다시 사과해야겠네. 그렇게 오늘 밤 이야기는 아이의 기분을 풀어주는 이야기가 되었습니다. 아이와 사소한 감정 다툼이 있었다면 꼭 오늘 밤 풀어보세요. 아이에게 사과 잘하는 쿨한 엄마가 되어 보는 거예요. 아이의 하루를 되짚어 보면서 천천히 우리의 감정도 되돌아 볼까요.

무한으로 가는 우리 둘

Story 1

"옛날, 옛날 다누라는 아이가 있었어.
무한을 좋아하는 아이였지."

✳ ✳

단우 누다 얘기는 하지 말아줄래.

엄마 누다? 왜?

단우 누다 얘기는 하지 마.

엄마 (웃는) 엄마가 아침에 누다 얘기해서 다누 싫었지.

단우 내가 그랬지. 나는 박단우야. 왜 나한테 단우 어딨냐고 놀렸어. 그럼 난 엄마랑 같이 안 놀아줄 거야.

엄마 맞아, 그랬네. 단우가 엄마한테 아침에 그렇게 말했었지. 기억나.

단우 단우 얘기만 해야 돼. 알았지.

엄마 그래 약속. 오늘은 단우 안 놀려. 재밌는 얘기만 해줘야지.

단우 해봐.

엄마 응. 알겠어. 옛날얘기 들어가신다!

다누라는 아이는 여섯 살이었는데 엄마를 너무너무 사랑했지. 그래서 오늘 아침엔 눈을 뜨자마자 "엄마~! 엄마~!" 하고 불렀어. 엄마는 자다가 두 눈을 '번쩍!' 떴지! 아이고 우리 다누가 엄마 부르네~! 부리나케 다누 방으로 달려갔지. 그런데 가보니 요 녀석이 팔을 쫘악 펴고 엄마를 보고 있는 거야. 엄마가 생각했지.

'아, 맞아. 어제 다누를 너무 안 안아줬네. 아이고 왜 그랬지?' 하곤 20kg도 넘는 엄청 무거운 다누를 번쩍! 안고 거실로 나왔지.

단우 그리고 찌찌 만졌다! (아침 일이 생각나는)

엄마 맞아! 그랬지!

단우 …. (걱정되는) 누다 얘긴, 하지 말아줄래.

엄마 당연히 안 하지, 엄마가 단우랑 약속했는데!

그래서 엄마랑 단우는 소파에 누워서 얘기했지. 찌찌 만지면 마법에 걸린다~ 마법을 풀기 위해 우리는 뽀뽀를 한다! 그리고는 이마 두 번 쪽쪽 볼 두 번 쪽쪽, 코비비기 다섯 번, 입술뽀뽀 두 번, 하고 놀았지.

단우 또 해보자.

엄마 (아이와 뽀뽀하는 잠시 뒤) 그리고 무슨 일이 있었더라.

단우 어린이집 갔다 왔지.

엄마 맞아. 그리고… 음… (아이에게 생각하게 하는)

단우 수학을 열 장이나 했지.

엄마 맞아! 오랜만에 엄마랑 재밌는 걸 해냈지. 뭐가 제일 재밌었어?

단우 파이프랑… 자 재는 거.

엄마 맞아! 그랬구나.

다누는 엄마랑 뽀뽀하고 행복한 마음으로 학교에 다녀왔어. 물론 엄마가 누다 얘기를 하는 바람에 기분이 영 좋지만은 않았어. 왜냐면 다누는 엄마가 놀리는 것 같았거든. 엄마는 다누가 귀여워서 누다라고 한 건데, 다누가 속상해하자 아주아주 미안한 마음이 들었지. 다누가 학교에 가 있는 동안, 꼭 사과해야지 생각했어. 그런데 다누가 학교에 다녀와서 엄마를 보면서 엄청 해맑게 웃으며 엄마를 반겨 주는 거야. "엄마! 다녀왔습니다! 엄마, 엄마 오늘 엄청 재밌었다! 친구들이랑 재밌는 책 읽었는데 보여줄까?" 그 모습을 보는데 엄마는 정말 좋았어. 눈물이 찔끔 나올 뻔했지. 다누는 엄마를 잘 용서해주는구나. 다누는 엄마를 참 많이 좋아해주는구나. 엄마는 다누를 다시 꼭 껴안고, 오늘은 제일 많이 안아줘야지 했대. 그리고 다누가 좋아하는 수학도 열 장이나 같이 풀었지. 자로 지렁이 그림도 재고, 다누가 제일 재밌다고 생각했던 파이프 통과하는 미션도 함께 풀었어! 미션 컴플리트! 미션 완료! 하면서 서로 재밌다고 신나 했지. 그 시간이 너무너무 소중하고 행복했어. 우리 단우는 어땠을까.

단우 나도 너무 좋았지. 파이프에 0이 나와서 또 9랑 더했는데, 그냥 9가 9가 되니까 엄청 웃겼지. 0은 nothing이야. 0은 zero야. 0은 장난꾸러기야. 없어도 되는 데 있는 척해.

엄마 어, 와! 그러네. 0은 진짜 장난꾸러기다.

다누는 특히, 0이 제일 웃겼어. 장난꾸러기 0이라고 생각했지. 다누도 장난꾸러기니까 0이 좋았나봐.

단우 0이랑 무한이랑 뭐가 더 재밌을까?

엄마 글쎄. 뭐가 더 재밌을까? (아이의 물음을 그대로 따라 하는)

단우 무한을 숫자로 말해봐.

엄마 무한은 숫자로 셀 수 없어. 그래서 무한인데. 무한은 우주야. 잴 수도 없고. 맞아, 우리 무한에 대해 이야기했었지!

단우 내가 숫자로 써보라고 했더니 엄마가 이상한 글자를 썼잖아. 나는 숫자로 쓰라고 했는데 엄마는 이상한 글자를 썼어. 수학은 약속이라고 했어.

엄마 무한대를 그려줬지. infinity

단우 맞아. 그게 무한대였지.

엄마 신기한 모양이었지.

단우 그래도 난 무한을 숫자로 쓸 거야. 내가 내일 다시 보여줄게.

엄마 좋아. 니 생각을 무한으로 펼치면 돼. 무한은 상상에서 시작돼. 그리고 끝나지 않는 상상이야. 우주를 탐험하는 우주비행사가 되어봐. 무한은 우주니까.

단우 맞아. 내가 숫자로 꼭 보여줄게.

엄마 (웃는) 그래, 네가 원하는 대로 해봐. 뭐든지. 그게 정말 중요한 거야.

단우 계속 얘기해봐.

다누는 0을 생각하고 무한을 생각했지. 엄마와 재밌는 상상들을 많이 했어. 다누의 상상은 끝이 없었고, 엄마도 다누 따라 상상하는 게 좋았어. 엄마랑 다누는 예쁜 하루를 또 보내고 꿈속 기차를 타려고 눈을 감았지. 기차 소리가 잘 들리려면 눈을 꼭 감고 기다려야 하지. 하품이 한 번씩 나오면 기차가 다가온다는 뜻이었어. 아홍~ 엄마가 먼저 하품을 했어. 기차를 타려면 잠시 조용히 아무 소리도 않고, 집중해야 하지. 기차가 오는 소리를 들어야 하니까.
단우야, 우리 이제 눈을 감고 서로 꼭 껴안고 가만히 소리에 집중해보자. 하품이 나오고, 1초 2초 100초 지나면 기차가 올 거야. 같이 기차를 타자. 꿈속에서 무한을 찾아보자. 무한을 찾으러 우주로 가자. 멋진 별들을 세어보자. 별을 세다 보면 무한의 숫자를 알게 될지도 몰라.

photolog

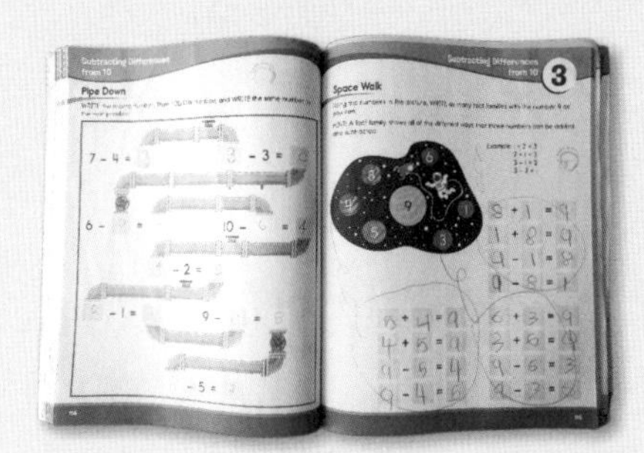

이 날은 0과 무한에 관한 이야기가 있었던 날이었습니다.
수학을 사랑하는 단우는 저녁식사를 할 때나, 잠들기 전 엄마와 수학 문제 푸는 걸 제일 좋아합니다.
이 역시, 잠자리에서 수학 이야기를 해왔기 때문이란 생각이 듭니다.
잠자리 대화를 통해 '수학'을 어떻게 함께 즐겼는지는 《잠자리 독서의 기적》에서 심도 있게 다루겠습니다.

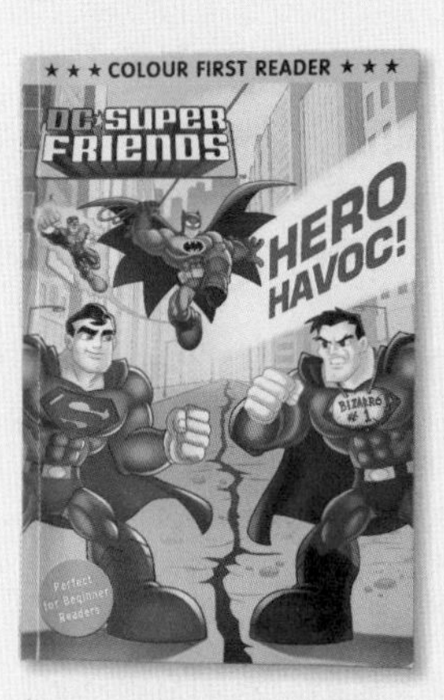

슈퍼맨이 되고 싶은 실수 투성이 비자로, 여기서 아이디어를 얻어, 아이에게 곧잘 비자로 이야기를 했죠.
실수 투성이이지만, 늘 시도하고 노력하고 실수를 두려워하지 않는 비자로, 비자로는 슈퍼맨에게 메달을 받죠.
그 메달은 비자로가 바라던 S 마크가 아닌 Bizzaro #1이라는 이름이 새겨져 있었죠.
가끔 아이의 이름을 반대로 이야기하며 짓궂은 농담을 하는 엄마지만, 끝에 가서 꼭 이렇게 얘기해줍니다.
"누다가 왜? 누다도 비자로 같이 넘버 원이 될 수 있어! 비자로는 또 다른 슈퍼맨이야.
누다도 단우도 슈퍼맨이 될 수 있어!"

오늘의 일과를 이야기하세요.

1. 오늘 아이와의 하루를 같이 생각하며 시작해요. 아침에 눈을 떴을 때부터 이야기를 시작해보세요. 내 아이가 주인공인 오늘 하루를 하나하나 같이 기억해 가며, 특히나 즐거웠던 일들을 함께 말해보세요. 아이가 대답하면, 그 대답으로 다음 이야기를 연결해 가면 돼요.

2. 오늘 하루 미안한 일이 있었다면, 이야기 안에, 엄마의 미안한 마음을 전하세요. "○○한테 엄마가 미안한 마음이 들었대…."

3. 아이와 누워 있는 이 시간이 오늘 이야기의 마무리예요. 하루 일과를 이야기하며 오늘의 이야기가 마무리되면, 눈을 감고 꿈속 기차 이야기를 해보세요. 부앙~ 하며 아주 작은 소리로 눈을 감고 있는 아이에게 속삭여주세요. 꿈속에서 함께 만나자는 이야기를 해보세요. 꿈속에서도 엄마와 만나자고 말한다면 아이는 행복할 거예요. 그리고 오늘 밤 꿈에서는 어디로 가볼까 나지막하게 이야기해보세요. 아이가 잠들 때까지, 엄마도 행복한 꿈 기차를 기다려주고, 꿈속 기차를 타고 아이가 완전히 잠들 때까지 속삭여주세요. '지금 여긴 어디지. 어디로 갈까. 어디에서 내릴까. 내려서 누굴 만날까. 누구와 만나 어떤 이야기를 해줄까.' 등 오늘 있었던 이야기를 해주세요. 그러면서 아이가 오늘 일과에 관한 이야기를 떠올리며 엄마와 감정을 나누던 순간을 기억할 수 있도록 해보세요.

하루 일과를 이야기 주제로 삼아 옛날이야기를 만들면 쉽게 아이와 대화를 나눌 수 있어요. 특별하지 않은 날이어도 상관없어요. 우리의 삶이 매일 이벤트로 가득하지 않더라도, 소소한 하루의 모습을 함께 이야기하다 보면, 그 안에서 더 특별한 교감들이 존재했음을, 엄마도 아이도 깨달아 갑니다. 식사시간에 무엇을 먹었는지, 무엇을 먹기 싫어했는지, 그런 엄마의 마음은 어땠는지도 좋아요.
그날 읽은 한 권의 책 이야기도 좋고, 그날 놀았던 인형이나 로봇 이야기를 해보는 것도 좋아요. 형제와 자매들과 있었던 일들을 엄마가 들어보고 어떤 일들이 있었는지, 그걸 들은 엄마의 마음은 어떤지를 말해보아도 좋아요. 그냥, 옛날 옛날에 우리 ○○이 살았지. 이 말 한 마디로 시작한대도 그 옛날이야기는 세상 단 하나의 내 아이를 위한 멋진 이야기가 된답니다.

유튜브 채널 〈니나토크〉
옛날이야기를 일상으로 만드는 법

엄마의 마음을 전하는 고백시간

what I was [illegible] sorry...
Yesterday, we had to go hospital since you got
a cut on your face. I could hear your short
and strong scream. And I felt fear.
Soon I had to be regretted something of the day.
It was that I got mad and gave you a hard and
strict face when you wanted to keep playing toy car.
I thought you didn't want to keep taking turns with
your friends, and I thought it was very wrong. I
thought you were like a greedy. I demanded
you had to say 'sorry' to your friends, unless you
wanted to go back home. I shouldn't have made
such a wrong face and even bad words.
Someone said, "Children they all are deserved to be
respected. Parents should not judge their child on the
standard of adult's thoughts. I realized when seeing
you in hospital. I will never blame, never judge
you again. Because in every single day we have no
enough time to love each other in the time that
flows so fast like a shooting star does. We should
be [illegible] each other in the "[illegible]."

"고백할 수 있는 시간과 공간이 있다면
어떤 말을 하고 싶나요?"

육아에 지쳐 아이에게 화를 냈거나, 빗장을 걸듯 아이와의 대화를 일방적으로 중단했다면 다행히도 우리에게는 만회할 기회가 있습니다. 잠자리에서 모든 역사가 이루어지죠. 지금껏 잠자리에서 한 번도 아이와 깊게 대화해보지 않았다면, 어떤 옛날이야기를 지어주거나 함께 만들기에 앞서, 고백하는 시간을 가져보세요. 서로의 감정을 보듬어보는 시간을 갖는 것이 잠자리 이야기의 핵심이니까요.

몇 가지 육아서나 감정에 관한 책들을 읽어보니 여러 조언이 있는데, 쉽게 적용해볼 것은, 아이가 오늘 어떤 감정을 강하게 느끼건 간에 그것이 행복, 만족이 아닌 불만과 분노, 슬픔이라 해도 건강한 대화로 이어질 수 있다는 거예요. 바로 아이가 느끼는 감정 그대로를 되물어주는 것입니다.

아이가 만약 "엄마가 자꾸 화를 냈어! 나랑 놀아주지 않고 집안일이 바쁘다고 내 얘기도 안 들어줬어. 듣는 척만 했어."라고 말한다면, "그럴 때도 있지. 엄마도 오늘은 어쩔 수 없었어. 엄마 좀 이해해 주면 안돼?"라고 대답하기에 앞서, 아이의 감정부터 어루만져주는 것입니다.

"네가 화가 날 만했네. 네 얘기를 안 들어줘서 답답했겠네. 엄마가 화를 내니까 너도 엄마한테 화를 낸 거였구나." 이렇게 아이의 감정부터 먼저 살핀 뒤, 내 입장이나 내 감정에 관한 이야기는 조금 뒤에 해보란 것입니다.

그렇다면 오늘 밤 아이에게 고백하는 시간이 좀 더 방향성을 가질 수 있겠죠. 아이도 나도 실수하는 존재이고 감정에 서툴 수 있는 존재임을 함께 인정하고 이해하는 마음으로 고백이 시작되어야 할 것입니다.

만약 내가 아이에게 고백한답시고 이런저런 이야기를 했음에도 아이가 무반응이거나 시큰둥하다면 그 방법은 옳지 않은 것이겠죠. 뒤에 구체적으로 언급하고 싶은 '수사학'이라는 개념이 있습니다.

수사학이란 뜻 그대로, 말(辭)하는 법을 닦기(修) 위한 학문입니다. 수사학에 따르면, 대화를 가능하게 하고 누군가를 설득하는 기술, 나아가 자신이 속한 사회에서 리더가 되는 방법은, '경청하는 법'을 배우는 것부터라고 이야기하고 있습니다. 상대의 이야기, 상대의 감정을 헤아리는 것이 첫 번째라는 것이죠. 그러니 아이의 감정을 먼저 살펴 물어보는 것이 '시작'

이 되어야 할 테지요.

"엄마가 고백할 게 있어. 엄마가 오늘 너한테 화를 많이 낸 거 같아. 단우가 많이 슬펐을 것 같아. 단우 마음이 어땠을까?"

이야기를 만들게 된 모티브

6세가 된 단우는 반대로 말하고 행동하기 시작했지요. 말에 유희를 알아가는 시기여서 그런지 말장난을 그렇게 할 수가 없어요. "밥 먹자" 하면, "안 먹자~" 하고, "씻자" 하면 "안 씻자~" 하고 낄낄거리죠. 그나마 제 기분이 좋을 때는 나 약 올리니 좋냐 하고 가볍게 웃어 넘기지만, 기분이 좋지 않을 때는 화가 치밉니다.

뭐든 반대로 대답하는 것뿐인가요. 반대되는 행동을 할 때도 너무 많아졌지요. 이 닦자고 말해도 입을 굳게 다물고 다른 짓을 하거나, 옷을 갈아입자고 하면 벌써 도망가서 숨어 있거나, 이리와라고 말하면 엉금엉금 거북이걸음으로 오고 있습니다. 아니, 5세까지만 해도 이런 아이가 아니었는데! 아니, 2주 전까지만 해도 이런 적 없었는데, 이게 웬일이란 말입니까!

단우에게는 이 모든 게 장난이겠지만, 저한테는 장난이 아닌 거죠. 아이들은 하룻밤 새 변한다, 변화무쌍한 인격이다, 저와 함께 공부하는 엄마들 사이에서 이런 이야기를 해본 적 있지요. 말장난, 말대꾸, 말대답 등의 시작은 빠르면 4세, 보통은 6세부터 모든 아이들에게 공통적으로 시작된다고 하더군요. 어떤 엄마는 6세는 그나마 귀엽다, 7세부터는 각오하시라,

우스갯소리로 엄포를 놓는 분도 있었지요.

그러니 저는 요즘 2주간 단우와의 관계가 몹시 걱정되었어요. 갑자기 말장난에 말대답이 시작되니 일상생활에서 자꾸 부딪히는 거예요. 화를 내고 소리를 치거나, 혼자 알아서 하라고 무시하기도 했죠. 사실, 말장난 때문이 아니었어요. 밥 혼자 안 먹기, 밥 오래 먹기, 밥 먹을 때 딴짓하기… 밥을 열심히 먹어주지 않으니 정말 별의별 감정이 다 들었죠.

식사시간이 힘드니 씻기나 다른 일상들도 다 맘에 들지 않고 모든 게 말대답 말대꾸로 들렸던 것 같습니다. 아이와 지금껏 쌓아온 신뢰의 감정들이 이렇게 한순간에 망가지는 건가, 겁도 났죠. 밥 시간만 아니면 세상 착한 아들인데! 너나 나나 대체 뭐가 문젤까! 저는 아무래도 제 자신이 뭔가 잘못한 부분이 있는 것 같았어요.

그래서 단우에게 제 마음을 고백했습니다. 그리고 놀랐습니다. 아이가 가진 생각과 감정은 제가 생각하는 문제와 전혀 다른 것이었죠. 단순히 밥 시간이 문제거나, 말을 반대로 하거나, 거친 행동을 하는 게 하나하나 큰 문제가 아니라, 아이는 엄마에게 말 못 하고 참았던 감정들을 하나씩 이야기하기 시작했습니다. 그리고는 언제 그랬냐는 듯 세상에서 가장 천사 같은 아이로 돌아오더군요.

비자로 누다, 너랑 할 말이 있어

Story 2

"안 되겠다. 단우야. 오늘 밤은 책은 내려놓자.
너랑 할 이야기가 있어."

* *

책 읽는 대신 너랑 얘기를 좀 해야 할 것 같아. 요즘 너랑 엄마가 사이가 많이 안 좋아진 거 같아서… 왜 그런지 엄마가 궁금해. 왜 단우가 비자로 누다가 되었을까. 뭐든 반대로 얘기하고, 반대로 행동하고, 엄마는 화를 내고, 단우는 기분이 항상 좋지 않게 되었을까. 엄마가 오늘 생각해 봤는데, 엄마가 잘못한 게 많은 거 같아. 정확히 뭘 잘못했는지 단우랑 이야기하다 보면 더 잘 알 수 있을 거 같아. 엄마가 많이 잘못했지. 요즘?

단우 …. (아무 말 하지 않는)

엄마 토라져서 방문을 쾅 닫기도 하고, 소리를 지르기도 했으니까, 그 뜻은 엄마한테 화가 많이 났다는 거잖아. 엄마한테 화났지?

단우 (울먹이기 시작하는) 응.

엄마 맞아. 화가 났을 거야. 왜냐면 엄마가 단우랑 많이 놀아주지 않아서 그런 거 같아.

단우 (엉엉 울기 시작하는) 으-아앙. (서럽게 우는)

엄마 미안해…. 미안해… (안아주는) 그래서 그런 거지. 엄마가 많이 안 놀아주고 단우가 말하면 듣는 척만 하고 제대로 듣지 않고. 엄마가 그랬어.

단우 엄마가… 엄마가…! (서러운지 말을 못하는)

엄마 (잠시 기다리다) 단우는 엄마한테 화가 났을 거야. 그래서 말도 반대로 하고, 행동도 반대로 했을 거야. 화나면 그렇게 되잖아.

단우 엄마가 요즘…. 안 놀아줘…. 안아주지도 않고… 어부바도 못하게 하고… 찌찌도 못 만지게 하고… (숨겨둔 감정을 이야기하는)

엄마 (뜨끔한) 맞아! 그랬구나… 그랬네… 피곤하다고 아침에도 단우가 놀자고 깨웠는데, 엄마는 더 자버렸지. 아프다고 소파에 누워 있고, 단우 혼자 장난감 가지고 놀게 했지… 여섯 살이라 무겁다고 안아주지도 않았지. 허리 아프다고 어부바도 못하게 했어. 엄마가 너무 미안해. 단우가 얼마나 속상했을까.

단우 (또다시 엉엉 우는)

엄마 (품에 안고 같이 우는)

그래서 우리 사이가 안 좋아졌다고 생각한 거야. 엄마는 단우 맘도 몰라주고, 단우가 비자로 누다가 됐다고 생각했어. 뭐든 반대로 말하고, 밥 먹자고 해도 말 안 들어준다고 혼만 냈어. 왜 그러냐고 단우한테 화만 냈어. 요 며칠 동안 우리 계속 그랬어. 근데 생각해보니까 엄마가 피곤했던 거야. 엄마가 단우랑 놀아주지도 않았으면서, 단우가 변했다고 생각한 거야.

단우 엄마는… 엄마가 변했지! (화를 내는)

엄마 맞아, 엄마 행동이 달랐어. 엄마가 다누랑 한 약속을 못 지켰어.

단우 Ugly face! 엄마가 그랬지. 무서운 얼굴 안 한다고. 우리는 친구니까 친구끼리 무서운 얼굴 안 할 거라고. 엄마가 다섯 살 때 약속했지. 나 다 기억나. 엄마는 best friend라고 했잖아. 근데 안 놀아줬지. 무서운 얼굴만 했지.

엄마 그래… 엄마가 그랬어. 다누가 그래서 화가 났던 거야. 엄마가 약속 안 지켰으니까. 엄마가 미안해. 용서해줄래? 우리 다시 좋은 친구가 되자. 어때?

단우 피곤한 거는 이해하는데, 잠은 좀 일찍 자 줄래?

엄마 …. (뜨끔한) 맞아, 엄마가 영화 본다고 늦게 잠잤어. 아침에 늦게 일어났어. 요 며칠 글 쓴다고 영화를 엄청 늦게까지 봤거든.

단우 엄마가 글 쓰는 거는 이해하는데, 늦잠은 자지 말아줄래?

엄마 …. (웃음이 쿡 나오는) 맞아. 늦잠은 자지 말았어야 했어. 늦게 자고 늦게 일어나니까 몸도 피곤하고, 몸이 피곤하니까 단우한테 짜증도 많이 냈던 것 같아.

단우 (조금 마음이 풀렸는지 울음을 그치는) 나는 비자로누다 아니야. 착한 다누야.

엄마 맞아, 지금 보니까, 우리 다누는 슈퍼맨 다누야. 엄마한테 용기 있게 다누가 생각하는 걸 다 얘기해줬어. 다누가 말해주지 않았으면 엄마는 몰랐을 거야. 엄마가 뭘 잘못했는지 알겠어. 미안해. 내일부터는 더 많이 안아주고, 어부바도 가끔 해줄게. 대신 어부바할 때 뛰어들면 엄마 허리가 다칠 수도 있으니까 조심해 줄래? (타협점을 찾는)

단우 …. 응. 그럴게.

엄마 가끔 찌찌도 만지게 해줄게. 6살은 찌찌 안 만진다고 놀린 거 미안해. 근데 너무 많이 만지려고 하면 엄마가 아프거든. 이제 여섯 살이라 다누가 힘이 세진 건 사실이거든. 그렇지 않아?

단우 내가 만지면 많이 아파?

엄마 많이 만지면 아프지.

단우 그럼 조금만 만질까?

엄마 응, 가끔씩만. 불쑥 손 집어넣는 건 안 되고. 대신 물어보고 만지는 건 돼.

단우 알았어. 물어볼게.

엄마 (두 사람의 문제로 협상거리를 제안하기 시작하는) 엄마는 단우가 밥 안 먹을 때랑 늦게 잘 때 자주 화를 냈잖아. 그건 알지?

단우 응.

엄마 왜냐면 단우가 형들만큼 키가 쑥쑥 컸으면 좋겠어. 음식이 다누 몸속에 들어가야 에너지를 만들잖아. 에너지가 있어야 훨씬 많이 놀 수 있거든. 밥을 잘 안 먹으면 짜증이 많이 나게 돼. 또 잠을 많이 안 자도 짜증이 많이 생겨. 에너지가 부족해서 몸도 마음도 화가 나는 거거든.

단우 그래서 엄마랑 나랑 둘 다 짜증이 많이 났구나.

엄마 응. 맞아.

단우 (생각하는) 내일은 밥 잘 먹을게. 대신에 밥 먹고 나랑 얼마나 놀아줄 거야?

엄마 (서로 의견을 나누는) 음… 밥 제때 제시간에 먹고 나면 바로 30분 놀아줄게. 설거지나 집안일은 나중에 할께. (웃으며) 내일은 다누랑 진짜 많이 놀아야지. 뭐하고 놀지 생각하면서 잘까.

단우 응. (기분이 좋아져서) 일단, 로봇이랑 외계인 만들고, 슈퍼맨이랑 히어로랑 싸우자. 만칼라도 하고. 또… 책도 다 읽자. 늦게 안 잘게.

엄마 좋아좋아! 단우랑 이렇게 얘기하니까 너무 좋다. 단우 기분이 많이 좋아졌네?

단우 응. 엄마는?

엄마 엄마도…. 진짜 좋아. 다누 맘을 알았거든. 그래서 미안하다고 말할 수 있었어. 서로 조금 더 노력하자. 우린 멋진 친구니까!

단우 Try little harder,

엄마 To be little better!

단우야, 엄마가 미안했어. 아리스토텔레스라는 아저씨가 그러셨대. 사람이 말로 자기를 지킬 수 없다면 부끄러움을 느껴야 한다고. 우리, 화내고 소리 지르고, 문 쾅 닫고 그런 행동 대신에, 마음이 좋지 않은 때는 말로 이야기해보자. 오늘처럼. 화가 나면, '엄마, 나는 엄마가 내 말을 안 들어줘서 지금 기분이 안 좋아. 화가 나.','엄마, 엄마가 놀아주지 않으니까, 내가 지금 많이 속상하거든.'
이렇게 말이야. 엄마도 화가 나면 화가 난다고 말로 잘 이야기해볼게. 화내는 게 나쁜 게 아니라, 화가 왜 났는지 이야기해주는 게 더 중요한 거야. 그래야 서로의 마음을 알 수 있으니까. 말하지 않으면 서로 모르잖아. 조금 더 노력하면 조금 더 나아질 거야.

photolog

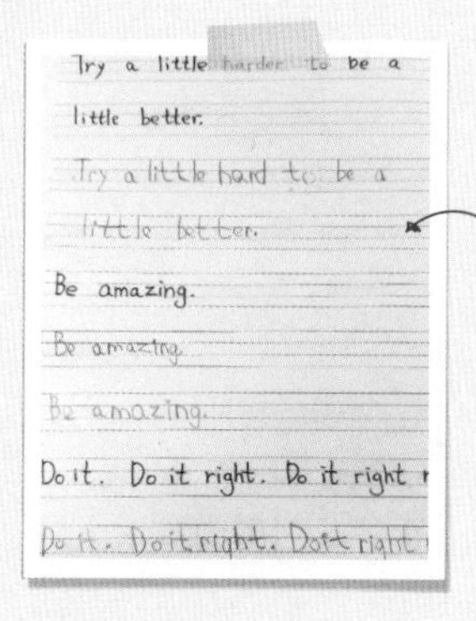
Try a little harder to be a
little better.
Try a little hard to be a
little better.
Be amazing.
Be amazing.
Be amazing.
Do it. Do it right. Do it right
Do it. Do it right. Do it right

작년 연말 아이와 약속한
함께 문장 쓰기.

"조금만 더 노력하면 조금 더 나아질 수 있어."
엄마와 아이의 관계도 이런 것 아닐까요.

작년 연말 영어스터디 엄마들과
공부하며 쓴 연말 편지.

이 편지를 읽어주자 5세 단우는 금세 울음을 터뜨렸습니다. 아이가 말을 안 듣는다고 고민이 시작된다면, 그래서 말로 전하기 힘들다면 편지를 통해 고백하는 방법은 어떨까요.

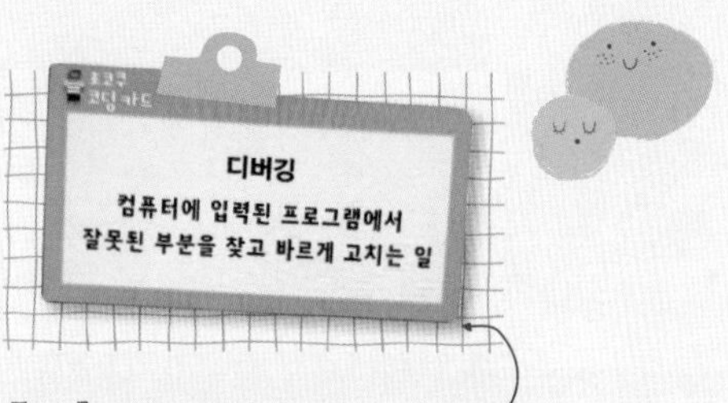

편지를 읽어주며 눈물바람이 된 제게
아이는 디버깅이란 단어를 찾아주며
말했습니다.

"엄마 왜 그랬어."
"미안해. 이제 무서운 얼굴로 말하지 않을게. 무서운 표정으로 말하지 않도록 노력할게. 사람들은 가끔 실수를 해. 엄마도 실수를 하지? 노력할게."
"그럼 디버깅해야지…."
"디버깅? 그게 뭐야?"
"디버깅… 모르면 보여줄까?"
"어? 어… 뭔데 그게."
"디버깅. 잘못된 부분을 찾아 새로 고치는 일이야."
웃음을 꾹 참았습니다. 우리의 밤은 그렇게 울고 웃었습니다.

아이의 감정을 먼저 들어주세요.

1. 어떤 일 때문에 아이가 평소와 다른 행동을 보이는지 엄마의 생각을 말해보세요. 아이의 마음을 먼저 들어보세요. 말하지 않는다면 엄마가 잘못한 이야기를 솔직히 말해주세요. 그리고 미안하다는 마음을 전하세요.

2. 아이에게 어떤 감정이든 구체적으로 말하는 방법을 전해주세요.

3. 화내는 감정은 꼭 나쁜 것만은 아니라고 말해주세요.

4. 감정을 표현할 때 행동보다 말로 이야기하면 서로 더 많이 이해해줄 수 있다는 말을 전해주세요. "엄마, 나 지금 화가 날 것 같아." "형, 날 놀리지 않았으면 좋겠어."

5. 고백과 용서의 과정 뒤에는 꼭 서로 타협할 것들을 이야기 나눠보세요. 모든 걸 다 들어주겠다는 말 대신, 서로 지킬 수 있는 약속을 작게나마 정해보세요.

6. 이야기가 끝나면 꼭 안고 말해주세요. "엄마는 화내는 너도, 행복한 너도 다 사랑해."

경청하는 자세. 수사학에 따르면, 대화와 설득, 토론의 기본은 상대의 이야기를 먼저 들어주는 것이라고 합니다. 아이의 감정을 먼저 이해해주고 충분히 듣고 난 후, 나의 감정을 이야기해보세요. 평화로운 상태에서 상대를 이해하는 눈빛으로 포용하는 자세, 그다음 상대의 주장과 내 주장의 장단점을 따져보며 이야기하는 방법. "설득이 아니라 상호 간의 입장을 이해하는 것이 목적이 될 때 대화가 성공할 확률이 많다."라고 《당신은 어떤 말을 하고 있나요?》라는 수사학에 관한 책의 저자 김종영 교수님은 조언하고 있습니다.

유튜브 채널 〈니나토크〉
'미안해'라는 말의 놀라운 힘

아이와 교감하는 시간

"아이들은 어른이 되는 상상을 합니다."

신기하게도 아이와 동화책을 읽으며 얻은 사실이 있습니다. 모든 동물은 다 자라면 엄마 아빠를 떠난다는 것이죠. 판다곰도 엄마 판다를 떠나고, 아기 사자도 엄마 아빠 사자를 떠나고 뻐꾸기도 뱁새 어미에게서 떠나고, 수많은 동화책에서 주인공 아이는 어른의 세계에서 나와 자신의 세계를 모험하거나 떠나러 갑니다.
더욱 신기한 건, 굳이 동화책이 아니더라도, 실제 많은 아이들이 '나는 어른이 되면, 나는 더 커지면, 나는 아빠가 되면, 나는 형처럼 키 크면.' 이렇듯 어른이 되는 것에 대한 상상과 동경을 한다는 것입니다. 정말 신기하지 않나요? 자신의 상상 속 어른이 되고 싶은 아이들.
저는 동화책이나 애니메이션 영화 속 어린 주인공들을 보며 단우와 이야기하곤 합니다. 단우도 언젠가 어른이 되면 엄마와 아빠를 떠날 거야. 판다처럼 사자처럼 새처럼 이 세상의 모든 아기들이 자라서 엄마 아빠 품을 떠나듯이. 그럼 아이는 괜히 울먹이기도 하죠. '아니야, 엄마랑 살 거야. 안 떠날 거야.'
그렇지만 아이를 토닥이며 말합니다.

'엄마 아빠를 떠난다고 해도 넌 절대 겁낼 필요가 없어. 엄마 아빠는 언제나 널 기다리고 있으니까. 멋진 세상을 전부 구경하고 와. 많은 사람도 만나고 많은 자연도 만나. 그리고 재밌고 즐거운 일들을 많이 하고 와. 단우는 도로시처럼, 신밧드처럼, 심바처럼, 반쪽이처럼, 복숭아 동자처럼 세상에 나갈 수 있지. 얼마나 재밌겠어. 엄마 아빠가 보고 싶을 땐 언제든 올 수 있는데 걱정할 게 하나 없지. 거미도 크면 바람 타고 여행을 하고, 민들레 홀씨들도 바람 타고 여행을 하지. 지구상의 모든 존재는 모두가 세상을 알아가고 여행하는 여행자들이야. 너도 그래야 하고. 어른이 된다는 건 너무 멋져. 그때까지 엄마가 잘 보살펴줄게.'

어른이 되고 싶은 순수한 아이와 교감하는 시간, 아이에게 세계를 향한 모험과 용기, 격려하는 마음을 알려주고 싶습니다.

이야기를 만들게 된 모티브

어느 날 아이는 왜 할머니는 엄마보다 나이가 많은데 키가 더 작냐고 물었지요. 키가 큰 형이 엄마보다 왜 나이가 어리냐고도 물었어요. 키와 나이가 비례한다면 정말 재밌겠지만, 신은 우리에게 참 많은 다양성의 존재 가치를 주신 것 같습니다. 키가 크다고 나이가 많거나 키가 작다고 어리다면 얼마나 불공평할까요.

어쨌거나, 그날 밤은 거인에 관한 이야기를 해줘야겠다는 생각이 들었어요. 거인 역시 몸집이 크다고 다 진짜 거인은 아니니까요. 키와 나이가 비례하지 않듯, 거인도 작은 거인이 존재한다는 걸 알려주고 싶었습니다. 그 작은 거인이 얼마나 용감할 수 있는지.

거인 아이 다누

Story 3

"옛날, 옛날에 거인 다누가 살았지.
그 아이는 힘이 세고 용감했어."

✳ ✳

어느 날 엄마가 말했어. "거인 다누는 이제 거인이 되어서 엄마가 사는 작은 집엔 살 수가 없겠구나. 이 집을 떠나도록 하렴."

단우 거인 다누는 몇 살이야?

엄마 너랑 같은 다섯 살, 거인 다누지.

단우 그럼, 나는 떠나야 돼?

엄마 음… 우리 다누는 거인 다누처럼 커지려면 더 자라고 어른이 되어야 하니까, 아직은 엄마랑 살자.

단우 거인 다누는 집을 떠났어?

응, 거인 다누는 슬펐지만, 알고 있었지. 너무 커져서 엄마랑 작은 집에 살 수 없었다는 걸. 거인 다누는 집을 떠났고, 저 멀리 보이는 더 큰 세상으로 걸어가기 시작했어.

세월이 흘러 다섯 살의 거인 아이는 스무 살이 되었지. 어느 날 스무 살이 된 거인 아이가 숲길에 떨어진 도토리를 줍고 있는 소녀에게 말했지.

"그건, 다람쥐와 새들의 것이야. 함부로 주워선 안 돼."

소녀가 말했지.

"이걸 주워서 도토리묵을 만들어 엄마한테 드리려는 거예요."

숲에 떨어진 도토리는 다람쥐와 새들의 것이란 걸 소녀도 잘 알고 있었어. 하지만, 엄마를 생각하는 소녀의 말에 거인 다누는 감동했지.

"엄마에게 도토리묵을 해드리겠다면, 어쩔 수 없지. 하지만 너무 많이 주워선 안 돼."

거인 다누는 미소를 지으며 소녀를 비켜 갔지. 그런데 문득, 거인 다누는 다섯 살에 떠나온 작은 집과 엄마가 보고 싶어졌어.

단우 엄마, 거인 다누는 엄마를 보러 가야겠네!

엄마 (아이의 생각을 따라가는) 거인 다누가 엄마를 보러 가게 될까?

단우 응, 거인 다누는 엄마를 만나러 가야 돼.

엄마 그래, 엄마를 만나러 가자.

거인 다누는 엄마를 다시 만나기 위해, 엄마와 살던 작은 집을 기억해야 했어. 하지만 너무 오래전 일이라 기억이 잘 나지 않는 거야.

단우 헨젤과 그레텔처럼 돌멩이도 빵조각도 흘리지 않고 떠났어?

엄마 응, 그럴 생각을 못했네. (함께 책에서 본 것을 인용하는) 네가 그 말 하니까 테세우스가 미로에서 털실로 탈출한 것도 기억나네. 괴물 미노타우로스를 무찔렀잖아. 다누 거인도 그런 지혜랑 용기가 있으면 좋을텐데.

단우 맞아. 어떻게 엄마를 찾을까? 엄마가 말해봐.

엄마 거인 다누는 작은 집을 기억하기로 했어. 그 집에 관한 기억을 해본 거지. 지혜가 필요했어. 다누는 엄마와 사는 작은 집을 기억할 수 있어?

단우 응, 작은 집은 아빠랑 작은형이랑 큰 형이랑 띵똥이가 살아. 작은 집에는 내 장난감이 엄청 많아. 카봇, 터닝메카드, 주원이 형이 준 코뿔소 로봇도 있어.

엄마 또, 어떤 게 있어? 엄마랑 매일 뭘 하며 놀았지?

단우 음… 사다리 게임이랑 시계놀이랑, 주사위도 굴렸지, 동화책도 읽었고, 블록 놀이도 했고…많이 놀았지.

엄마 그러네, 엄마랑 다누가 집에서 하는 게 많네. 다누는 기억을 참 잘 하네.

거인 아이는 엄마와 놀았던 시간을 기억했어. 그러다 보니, 하나하나 생각이 나기 시작했지. 그리고는 그 기억의 시간을 따라, 엄마와 살았던 작은 집을 찾아갈 수 있었어.

단우 엄마가 아직 있었어?

엄마 그럼, 엄마는 작은 집에 작은 몸으로 여전히 그곳에 있었지.

단우 왜, 엄마 몸이 작아?

엄마 스무 살이 된 거인 다누가 보기에는 그랬지. 사실 엄마는 예전이랑 달라진 게 없었지만 말이야.

단우 엄지공주만큼 작았어? 내 손가락만큼? 세 살 만큼 작았어?

엄마 아니, 지금 엄마 키만 했어.

단우 그럼 작은 게 아닌데.

엄마 그래, 다누가 보기에 엄마는 커?

단우 응, 엄마는 나보다 크지. 40살이잖아.

엄마 엄마 눈에는, 다누가 더 커 보이는데?

단우 나는 백 살이 되면 엄마보다 커지지.

엄마 그래? 그런데 할머니 할아버지는 70살인데 엄마보다 작은데?

단우 맞아, (함께 본 공연을 인용하는) 빅토리아 할머니도 100살인데 작았지. 엄청 느리게 걷고.

엄마 응, 나이가 100살이 된다고 거인처럼 커지지는 않아. 하지만 거인 같은 큰 마음은 가질 수 있지.

단우 큰마음이 뭐야.

엄마 바다보다 넓고, 산보다 높은 마음.

단우 왜 큰마음이야?

엄마 마음이 큰 사람을 우리는 작은 거인이라고 말해.

단우 작은 거인?

엄마 응, 실제로 몸은 작지만, 마음은 큰 사람들이 있어. 우린 그런 사람들을 작은 거인이나 영웅이라고 불러.

단우 영웅! Heroes! 슈퍼맨이랑, 배트맨이랑 캡틴 아메리카, 아쿠아맨 같은 사람?

엄마 응, 슈퍼 파워를 가진 히어로들도 모두 작은 거인이라고 할 수 있지. 다누도 큰마음을 가진, 작은 거인 될래?

단우 응.

엄마 그래, 그럼 엄마는 정말 행복하겠다.

그래서 거인 아이 다누는 작은 집에 있는 엄마를 보고 "엄마~!" 하고 불렀어. 그랬더니 작은 몸의 엄마가, 실제로는 그대로였던 엄마가 거인 다누를 보고 놀라 말했대.

"세상에, 우리 아들, 진짜 멋진 거인이 되었네!"

엄마와 거인 아이 다누는 함께 껴안고 행복해했대. 그런데 창문에 비친 모습을 봤더니! 세상에나, 거인 아이는 몸집이 큰 거인이 아니라, 아주 멋진 청년의 모습이었지! 마치 다누의 큰형, 작은형들처럼 말이야! 거인 아이는 사실, 몸집이 큰 게 아니라, 마음이 큰 작은 거인이었던 거야.

단우 슈퍼 파워 가졌어?

엄마 응, 슈퍼 파워를 가진, 멋진 청년 다누. 엄마는 스무 살이 된 거인 아이 다누를 여전히 꼭 껴안으며 말했대.

"멋진 세상에서, 멋진 청년이 되어왔네. 나의 작은 거인!"

엄마 오늘의 옛날 이야기 끝~! 이제, 자자, 작은 거인, 다누.

photolog

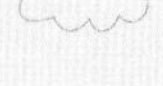

빅토리아 할머니의 100번째 생일이란 인형극을 보고

단우는 100세라는 의미를 생각했습니다. 내가 100살이 되면 키는 크지 않고 마음이 커지는 거야?라고 물어보기도 했지요.

이런 종류의 이야기 책은 아이들에게 묘한 동경심을 갖게 하죠. 사자도, 민들레도, 고래도, 문어도, 사람도, 모두 어른이 되면 부모에게서 독립해 자신만의 세계로 나아갑니다.

"엄마, 난 평생 엄마랑 살 거야?"라고 묻는다면,
"어른이 되면 너만의 세상을 탐험하는 거야. 그래서 떠나는 거야.
우린 모두 여행자야. 그리고 염려 마. 엄마는, 늘 네가 돌아올 때까지 그 자리에서 너를 기다릴 거야.
그러니 어디든 너의 세계를 탐험하렴."이라고 말해보는 것은 어떨까요.

어른이 된 아이를 상상하며 함께 이야기해보세요.

1. "우리 아기가 어른이 되었네. 어른이 된 ○○가 엄마를 보러 오는 길이네." 어른이 된 아이가 엄마를 찾아오는 과정에서 여러 가지 물음들을 던져보세요. "오는 길은 어땠어? 누구랑 만났어? 네가 사는 곳은 어땠어? 어디를 다녀 봤어? 엄마랑 살던 집이 기억나? 엄마 아빠랑 행복했던 일이 기억나? 어떤 게 가장 행복했어? 와서 보니 엄마는 어때 보여? 널 보고 웃고 있어? 널 안아줬어? 우린 무슨 이야기를 했을까? 집에 오니 달라져 보이는 게 있어?"

2. 아이가 어른의 시점으로 자신을 돌아보고 상상하는 재밌는 시간이 될 거예요.

대화 Tip

특히나 동화책이나 애니메이션에 어린 주인공이 나오는 이야기를 봤다면 아이에게 어른이 되는 과정, 어른이 되어서의 모습에 대한 여러 가지 대화를 해볼 수 있어요. 어떤 어른으로 크면 좋은지, 멋있는지, 멋진 어른으로 자란 주인공의 어린 시절 모습은 어땠는지 아이와 이야기해보세요.

유튜브 채널 〈니나토크〉
스무 살, 작은 거인이 된 내 아이와 대화하기

아이와 친구가 되는 시간

"BACK TO THE PAST!"

일곱 살의 내가 일곱 살 딸을 만난다면?
아홉 살의 내가 아홉 살 아들과 논다면?
이런 날을 생각해보셨나요? 아마 과거로 돌아간 '매우' 어린 엄마를 만나면 아이들은 무척이나 재밌어하겠죠. 내 아이와 내가 동갑 친구라면 어떻게 놀까? 어디를 갈까? 어떤 모험이 기다릴까? 생각만 해도 두근거리는 일이지요.

'옛날, 옛날에 여섯 살 동화가 살았어. 엇, 단우랑 나이가 같은 동화야. 동화는 단우랑 놀고 싶어서 단우를 만나러 왔지."

아마 아이에게는 말하지 못한 고민이 있을 거예요. 가끔 이불에 쉬를 하거나, 동생에게 무한 사랑을 빼앗겼다고 생각하거나, 이 닦기가 싫거나, 원하는 장난감을 얻지 못해서 뾰루퉁하거나. 그런 내 아이에게 엄마도 너 같은 나이였어. 공감을 주는 이야기를 해준다면 아이는 매우 흥미로워 할 거예요. 나와 공감이 생기는 것이죠. 내 아이 나이의 엄마 이야기를 시작으로 대화해 나가다 보면 지금 내 아이의 생각을 알게 될 거예요. 요즘 어떤 마음인지, 어떤 일이 있었는지, 어떤 생각을 가지고 있는지, 어떤 어려움이 있는지.

어른으로서가 아닌 아이로서 바라보며 아이와 공감해보는 시간을 가져보세요.

"여섯 살 동화는 단우랑 비슷한 게 많았어. 밥도 잘 안 먹고, 노는 게 제일 좋았지!"

"우와, 엄마도 그랬어?"

"응, 엄마도 실은 너랑 같았어."

아이를 안심시켜주는 말. 진심과 사랑을 담은 따뜻한 이야기를 만들어볼까요.

이야기를 만들게 된 모티브

"엄마가 이렇게 하라고 했잖아. 엄마가 너 그러면 안 된다고 했는데? 넌 왜 그렇게 행동하지? 엄마 말 듣고 있어? 엄마 말이 말 같지 않아?"

최대한 이런 말은 하지 말자 다짐하고, 마음도 다스리지만 그게 잘 안 돼요. 그래서 이런 생각이 들었습니다. 나는 이 나이에 어땠을까. 지금 내가 너무 수직적인 거 같다. 이래서는 아이의 감정을 잘 이해한다고 할 수 없겠다. 이 아이의 생각을 읽고 싶다. 그렇게 내 아이의 나이로 내가 되어 보는 이야기를 시작했더니, 신기한 눈으로 쳐다보며 즐거워하는 겁니다. 그리고 엄마를 껴안고 말합니다. "엄마, 나는 엄마가 너무 좋아."

매일 조금씩 많이 미안한 엄마지만, 아이에게 나도 너와 같음을, 나도 많이 부족함을 말하세요. 하지만 언제나 그렇듯 너의 가장 친한 친구이고, 그래서 너에게 멋진 비밀을 알려주겠노라고.

6살 동화와 6살 단우가 만났어요

Story 4

"옛날, 옛날에 여섯 살 동화가 살았어.
여섯 살 동화는 안암동에 살았지."

단우　엄마가 6살이야?

엄마　응, 여섯 살 동화라는 애가 살았지. 단우 집이랑 멀지 않은 곳에 살았어.

단우　어디?

엄마　음… 다누가 사는 집에서 가까워. 안암동이라는 데야.

단우　신기하다.

엄마　여섯 살 동화랑 만나볼래? 엄청 재밌을 걸?

단우　응! 재밌겠다!

어느 날 단우가 집에 있었는데 엄청 심심했어. 누군가 놀러 와서 같이 놀았으면 좋겠다 생각했지. 단우는 혼자서 뭐 하고 놀지? 고민하고 있었는데, 그때 마침 띵-동! 하고 누가 벨을 누르는 거야!

단우　(벌써 신나는) 엄마지?

엄마　응, 세상에! 여섯 살 동화가 단우를 만나러 왔네! 너무 신기하지!

단우　어!

엄마　문 열어줄래?

단우 어!

다누가 '누구세요?' 하고 문을 열었더니!

단우 엄마! (신이 난)

엄마 아닌데~! 얘 이름은 김동화야~! (약간 놀리듯)

단우 아, 맞다! 김동화!

엄마 맞아, 동화가 놀러 온 거야. 단우랑 놀고 싶어서! 그런데! 단우가 문을 딱 열고 동화를 봤는데! (뜸 들이다) 진짜 다누 만한 키야! 얼굴도 다누만큼 작고!

단우 아하! 그렇겠네!(좋아서 흥분하는)

"안녕 다누야! 난 동화라고 해. 만나서 반갑다. 너랑 놀려고 왔는데 문 열어줘서 고마워. 근데 좀 놀랐다고! 그렇게 문을 확 열면 내가 놀라잖아~." 이러면서 안으로 들어오지도 않고 팔짱을 탁! 하고 낀 채 다누를 쳐다봤지.

단우 왜 안 들어와?

"어머, 다누야! 너 나랑 놀려면 밖으로 가야지, 난 집에서 안 놀아. 바깥에 진짜 재밌는곳이 있거든. 너랑 거기 가려고 온 거 아니겠니 내가! 어때, 내가 재밌는데 알려줄까? 나랑 놀 거면 오케이!라고 해. 할 수 있겠어?

단우 (신나서) 오케이!

"좋아, 그럼 가자. 나와봐!"

동화는 다누 손을 잡고 엄청 재밌는 곳을 갔지.

단우 거기가 어딘데?

엄마 (은밀하게 대단한 이야기를 할 듯이) 동화가 사는 집 뒤에 개운산이라고 있어. 거기 가는 거야!

단우 (작은 목소리로) 개운산?

엄마 응, 거기 신기한 게 진짜 많거든!

동화가 다누랑 신나게 뛰어가서 도착한 곳은 동화가 사는 집 뒷산이었어. 개운산이라는 작은 산인데, 거기 동화가 자주 가는 커다란 바위가 있거든! 그 바위 위에 올라가서 앉으면, 산 아래가 한눈에 내려다보여. 친구들이 시냇가에서 물놀이하는 것도 다 보이고, 다람쥐가 끼리릭거리면서 나무 위로 올라가는 것도 보이고, 꿩도 보이고 토끼도 보여. 곤충은 또 얼마나 많은지 몰라. 곤충들도 다 보이고, 멀리 동네 집들도 보이고. 게다가 바위 위에 앉아 있으면 엄청 시원해. 동화가 다누한테 그 바위에 올라가자고 했어.

단우 너무 위험하지 않아?

엄마 동화는 발이 엄청 빠르고, 산도 잘 올라가고, 뜀박질도 엄청 잘해. 매일 그렇게 뒷산에서 놀았거든!

단우 나는 못 올라가는데. 못 올라갈 거 같은데….

엄마 에이, 뭐가 걱정이야, 여섯 살 동화가 설마 오르지 못할 곳으로 가자고 했을까봐? 다누가 잘 올라갈 수 있게 다 도와주지~!

단우 그래? (안심하는)

동화는 신이 난 얼굴이었어. 다누랑 같이 가는 게 너무 즐거웠나 봐. 뒷산에는 큰 바위들이 많았는데, 둘은 큰 바위로 올라갔어. 살금살금, 샤샤삭, 빠르게, 천천히, 조심조심, 으샤으샤, 영차영차 서로 도우면서 손잡고 사이좋게 잘도 올라갔지.

엄마 (뭔가 대단한 듯) 히야! 세상에! 우리 야호, 해야겠다. 다 왔네~!

단우 야호?

엄마 산꼭대기에 올라가면 야~호 하는 거야. 근데 세상에서 제일 작은 소리로 야호~ 해보자. (손을 입에 대고 아주 작은 소리로) 이렇게 손 대고 아주 아주 아주 작은 소리로 야호 해야 돼. 안 그럼 깜짝 놀랄 걸?

단우 (손을 대고 작은 목소리로 소곤대는) 왜에.

엄마 (작게) 귀 대봐.

단우 (귀를 빌려주는)

엄마 (속삭이는) 아주 아주 작게 말하면, 아주 아주 아주 작은 친구가 나타나거든. 비밀! (흥미로운 캐릭터를 등장시키는)

단우 (잔뜩 기대하며 작은 목소리로) 야……호……

엄마 야…. 호…. (잠시) 어? 안 나타나네? 더 작게 불러 보자… 야호….

단우 … 야… 호….

엄마 (더 작은 목소리로 거의 들리지 않게) "누가 날 불러~!?"

단우 (함께 작은 목소리로) 엄마, 누구야?

엄마 (손가락으로 1mm 정도를 보여주며) 요만한 요정이야.

단우 (속삭이며) 그렇게나 작아?

엄마 어… 아주 작게 말해야 요정이랑 얘기할 수 있어. (아주 작은 목소리로) 안녕, 요정님?

단우 (신이 나지만 작은 목소리로) 우아!

"어머, 안녕? 넌 누구니?"

단우 난, 박단우.

"어머, 동화 친군가 보네. 안녕, 난 요정이야. 박단우가 무슨 소원이 있어서 날 만나러 왔을까?

단우 (엄마에게 묻는) 소원?

엄마 (미소 지으며) 응, 사실은… 동화가 요정님 만나게 해주려고 불렀지. 소원 들어주는 요정! 몰랐지? (큰일 난 듯) 잠깐! 대신, 아주 작게 말해야 돼. 작게 말해야 크게 들려. 요정들은 반대야~ 작고 귀여운 목소리로 말해야 소원 들어준다~!

단우 갑자기 그러니까… 음… 소원이 없는데.

엄마 그럼…. 눈 감고 잘 생각해봐…. (잠들게 분위기 만들어주는) 엄마가 조용하게 하나… 둘… 셋… 숫자 세면서 기다려줄게. 단우 소원 생각날 때까지.

단우 눈 감다가 자면 어떡해?

엄마 걱정 마, 요정님은 단우가 꿈속에 있어도, 소원 빌면 다 들어주거든. 단우는 어떤 소원이 있을까…. 눈 감고 잘 생각해보자…(잠이 들 때까지 나지막하게 이야기하는)

단우 (눈을 감고 한동안 조용한)

엄마 하나… 둘… 셋…. 넷…. 어떤 소원을 빌려나. 우리 단우, 이쁜 단우, 풀잎 같은 단우, 햇님 같은 단우, 달님 같은 단우, 빗님 같은 단우, 맘 착한 우리 단우. 요정님이 소원 들어주려고 동화한테 단우 데리고 오라고 했나보다.

단우 그렇긴 한 거 같긴 한데…. (졸린지 점점 목소리가 작아지는) 아직… 생각이 안 나는데….

엄마 아마 우리 단우 소원은, 엄마랑 내일 더 많이 노는 거일까?

단우 … 응… 그러네….

엄마 엄마가 잘 맞히네. 역시, 단우랑 친한 친구가 되니까, 단우 맘을 더 잘 알지. 여섯 살 동화처럼, 단우랑 신나게 놀아줘야지. 재밌는 곳도 데려가 주고…. 멋진 모험도 같이 하고… 단우야. 이제 자도 돼. 요정님이 웃으면서 단우한테 전해달래. 내일 아침 일어나면, 소원이 이뤄질 거라고. (아주 작은 목소리로 포근하게 안아주는) 다누 재밌었니?

단우 응, 나는…. 엄마가 너무 좋아….

엄마 (작게) 우와, 나도 그런데….

단우 내일… 엄마랑 놀아야지…. 그게…(잠드는)

엄마 잘 자, 아가. 이슬 같은 우리 아가. 반짝반짝 우리 아가….

photolog

아이를 데리고 어릴 적 제가 살던 집과 동네를 보여준 적이 있습니다. 지금은 흔적도 없이 변해버린 곳이지만, 아이와 함께 나의 어린 시절을 추억할 수 있었죠. 아이에게도 저에게도 멋지고 감동스런 순간이었습니다.

아이와 함께 내 어린 시절을 만나보세요.

1. 내 아이의 나이랑 같은 엄마가 딩동 하고 초인종을 눌러요.
2. 아이에게 나가 놀자고 말해보세요.
3. 내 어릴 적 갔던 추억의 장소를 데려가 보세요.
4. 자연으로 떠나보세요. 아이는 풍경화를 보듯 편안하고 멋진 여행이라 생각할 거예요.
5. 자연에서 아이와 함께 맑은 공기를 마시고, 뛰놀며, 땀이 나도록 신나게 놀아 주세요. 이야기만으로도 아이는 행복한 상상을 하며 엄마와 놀 수 있어요.
6. 아이의 맘을 알 수 있는 요정이나 달님, 자연의 정령들을 소환하세요. 소원을 말해보라고 하며 작은 목소리로 말하게 하세요.
7. 아이가 눈을 감고 소원을 말할 시간을 충분히 주세요.
8. 그 소원을 최대한 들어주도록 요정님과 아이와 엄마가 함께 약속해요.

바깥에서 놀기 싫다고 집에서 논다고 하면 어떤가요. 아이랑 집에서 놀아주는 설정도 좋아요.
아이가 가장 하고 싶어 하는 놀이를 맘껏 해주세요. 아이가 제일 하고 싶은 것, 제일 원했던 것을 들어주는 시간이에요. 어른 엄마보다, 아이가 된 엄마는 아이를 더 재밌게 해줄 수 있어요. 엄마 자신이 소원을 들어주는 것도 좋은 설정이지만, 엄마와 아이가 함께 소원을 빌 수 있는 요정이나 정령, 신비로운 존재들이 뿅 하고 나타나면 아이의 마음을 알 수 있고, 아이와 약속할 수 있어요. 함께 더 좋은 친구가 되어보아요.

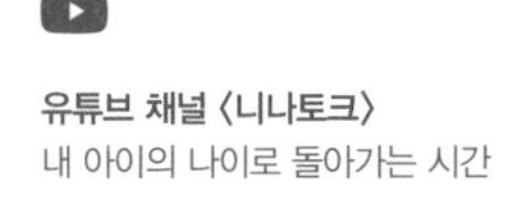

Bedtime Storytelling

Chapter 2

습관

"대화도 해보지 않고 단정해버리는 것이야말로
아이가 아닌, 내가 가진 가장 나쁜 습관이었어요."

잠자리에 일찍 들기

"키 할아버지한테 맡겨보세요."

저에게는 외국인 친구가 몇몇 있어요. 한국에 사는 네 쌍의 외국인 부부 모두 국적이 다 달라요. 미국, 영국, 프랑스, 호주 친구들인데 이 친구들과 가끔 만나 이야기를 나누면 정말 뜻밖의 이야기들을 많이 듣곤 해요. 물론 이들이 통계적인 서양인의 육아 방식일 거라 생각할 수는 없지만 그래도 제게는 늘 저의 마음을 환기시켜주는 고마운 친구들입니다. 이 친구들에게 언젠가 고민을 털어놓은 적이 있어요.

"너희 애들은 몇 시에 자?"

여러분의 아이들은 몇 시에 자나요? 저는 이 문제가 예전부터 지금까지 큰 고민거리였어요. 아이가 보통 10시 늦으면 11시에 잠을 자거든요. 이해가 되는 분도 되지 않는 분도 있겠지만, 정말 제게는 큰 고민이었죠. 그래서 더 묻고 싶었을지도 모르겠어요. 제 주변의 친구 아이들도 보통 10시라고 하니, 외국인 친구들은 어떤가 궁금했죠.

"7시 반. 늦어도 8시."
"오 마이 굿니스. 7시라니? 8시라니! 대체 어떻게!"

그런데 네 쌍의 국적 다른 엄마들은 저를 이해 못 하는 거예요.

"저녁 식사를 6시에 하고, 씻는 시간을 10분 이내로, 조금 놀다 책 한 권. 그리고 자기 방에서 잠을 자게 하지."

(물론 잠자리 독립을 시키지 않은 친구도 있어요. 한국의 방식이 너무 좋다며. 10살, 11살 된 아이들과 온 가족이 한 침대에 자는 걸 극찬했으니까요.)

"다 같이 한 침대에서 자는 거 정말 좋더라! 애들 정서에 참 좋은 거 같아!"
"그럼 부부의 사랑은? 부부의 진정한 쉼은 어쩌고?!"
"Silent Love, don't know~?"

모두 한참을 웃고 신이 나서 수다 꽃을 피웠죠. 의외로 한국 부모들의 잠자리 애착에 대해 찬성하는 외국인 부모들을 보면서 이건 문화 차이가 아니라 선택의 차이구나라고 생각했죠. 저는 아이를 세 살부터 잠자리 독립을 시켰으니 말이죠. 어쨌든 관건은 내 아이를 열 시 전에 재우고 싶다는 거였습니다.

"아이와 하고 싶은 시간, 계획, 그 마음을 20분씩 줄이면 되지."

"Rubber Duck! 그거 서양에서 온 거 아냐? 욕조에서 30분은 거품놀이하고 장난감 둥둥 띄우고 놀게 하는 거 그거, 내가 서양 동화책에서, 영화에서 그렇게 많이 봤는데! 그래서 욕조에서 30분이 뭐야, 그 이상도 놔둔 적 있다고!"

저는 우스갯소리로 말했죠. 그랬더니 고개를 절레절레 흔들며 "오 마이 굿니스!" 하는 겁니다. 애를 대체 10시에 재우면 어떡하냐고. 아이들에게 제일 중요한 건 '잠'이라고 이구동성으로 저를 말리고 난리도 아니었죠. 심지어 감기에 걸려 열이 나도 잠만 하루 종일 자게 하면 이틀이면 낫는다는 친구도 있었죠. 잠을 충분히 재우라고. 일찍 재워야 한다고. 저는 그래서 또 아차, 싶었습니다.

우리나라 직장맘들에게는 불가능한 일인 걸 압니다. 그런데 묻고 넘어갈게요. 계속 아이를 10시 넘어 자게 하는 게 맞을까요? 단 30분이라도 일찍 재울 수 있다면 그렇게 해야 하지 않을까요? 잠들 때까지 놀고 싶어 장난감을 꼬물거리고, TV를 보고, 책을 읽겠다고 버티고, 물놀이를 하겠다고 욕조에 있는 아이에게, 어떻게 하면 좋을까요. 고민하지 않으면 안 되는 부분임은 확실한 것 같습니다.

이야기를 만들게 된 모티브

키 할아버지의 등장은 저에게는 획기적인 아이디어였습니다. 저는 사실 망태 할아버지, 도깨비, 귀신 등 특히나 아이에게 왠지 모르게 겁나는 상상을 주고 싶지 않았어요. 망태 할아버지나 도깨비나 귀신 모두 실체가 안 그려지고 괜히 무서운 느낌이라고 생각했죠. 그렇지만 또 그게 흔히들 우리 엄마들이 어릴 때 접한 익숙한 등장인물들이니, 저도 들은 대로 배운 대로 아이한테 상상 속 인물을 데려올 때가 생기곤 했죠.

그때 선택한 방법이 바로, '○○ 할아버지'를 소환하는 것이었어요. 밥 안 먹으면 식사 할아버지 등장, 잠 안 자면 키 할아버지 등장, 밤에 쿵쿵대면 아랫집 수염 할아버지 등장, 고추를 만지면 고추 할아버지 등장. 그때그때 상황에 딱 맞는 할아버지 얘기를 해줬어요. 대신 절대 무서운 느낌이 들게 하지 않았어요. 잡아간다, 이놈 한다 대신에 정말 그럴싸한 정확한 이유를 대며 소환했죠.

특히 전화를 걸어 이 할아버지들과 '진지하게 의논'하는 모습을 아빠와 통화하듯 친할아버지, 이웃 어른과 통화하듯 자연스럽게 보여주었어요. 다섯 살 단우, 여전히 쉬이 잠들지 않으려는 녀석에게 키 할아버지 소환 작전을 썼습니다. 이 이야기 이후, 아이는 '키 할아버지'를 무서워하지는 않지만, 빨리 자야겠다는 마음을 갖게 됩니다.

"어어, 키 할아버지 오시겠네."

"알았어, 잘 거야. 자야지. 이제."

키 할아버지 소환 작전

Story 5

"옛날, 옛날에 미운 다섯 살 다누가 살았지.
잠도 잘 안 자고, 엄마가 불러도 대답도 안 하고,
밥도 잘 안 먹는 미운 다섯 살이었대."

✳ ✳

그러니 엄마가 얼마나 슬펐을까. 많이 속상했지.

단우 나는 이쁜 다섯 살인데.

엄마 맞아, 다누는 '이쁜 다섯 살'이지. 아이고 큰일 났네, 큰일 났어. '미운 다섯 살 다누'는 엄마 속상하게 하고 어쩌냐.

단우 왜?

아니, 어느 날은 하도 말을 듣지 않길래, 엄마가 전화기를 들었지.

"여보세요? 음식 할아버지 계세요? 아, 네 저는 미운 다섯 살 엄마에요. 미운 다섯 살이 지금, 밥 안 먹고 장난감만 꼼지락거리는데 어떡하죠? 아…. 네, 그렇게 전할게요."

엄마는 전화를 끊고 말했지.

엄마 밥 안 먹는 아이들은 음식 할아버지가 데려가신다는데?

단우 어디로?

엄마 어디긴, 아프리카지. 거기 가면 배가 고파 밥을 먹을 수 없고, 밥을 먹고 싶어도 먹을 게 없어서 우는 아이들이 사는 곳이 있대. 거기 데려가서, 이놈 봤느냐. 친구들은 이렇게 배가 고파도 먹을 게 없어 슬피 우는데, 너는 어쩌자고, 엄마가 주신 맛있는 밥을 안 먹느냐, 이놈. 안 되겠다. 나랑 살러 가자. 나랑 살면 밥이 싫은 아이에게 밥 안 준다. 요놈!
그랬더니, 얼른 숟가락을 들고 밥을 싹싹 비웠대.

단우 나는 밥 잘 먹으니까 음식 할아버지 안 만나지?

엄마 그럼. 이쁜 다누는 안 만나도 돼. 그런데 이번에는, 미운 다섯 살 다누가 잠 잘 시간에 잠은 안 자고, 계속 놀겠다고 우기더래. 누가 나타나실까.

단우 키 할아버지.

엄마 그렇지, 잠 안 자고 놀기 좋아하는 아이한테는 키 할아버지가 오시지. 미운 다섯 살 엄마는, 한숨을 푹푹 쉬면서 잠 안 자고 노는 아이를 보고는 전화를 걸었대.

"여보세요? 키 할아버지 계세요? 네, 저는 미운 다섯 살 엄마에요. 미운 다섯 살이 밤이 돼서 캄캄한데, 달님이랑 친구 하자네요. 그러기에 너무 늦은 시간 아닌가요? 아, 네… 네… 그렇게 전할게요."

엄마는 미운 다섯 살에게 말했지.

"키 할아버지가 1센티 가지러 오시겠다는데?"
"무슨 1센티?"

미운 다섯 살은 엄마가 꺼둔 불도 다시 켜고, 코뿔소 로봇을 변신시키면서 엄마는 쳐다도 보지 않았어.

"키 할아버지는 밤에 잠 안 자고 노는 아이 키 1센티미터씩 가져가시지. 지금 107센티미터니까 키 할아버지가 1센티미터 가져가시면 106센티미터가 되겠네. 그렇게 매일 밤 1센티미터씩 키가 작아지면 미운 다섯 살은 50센티미터가 될지 모르겠네. 그럼 다시 응애응애~ 아가가 되는 거지. 엄마가 불러도 응애, 밥 먹자 그래도 응애, 로봇 놀이할까 해도 응애~밖에 말 못 하겠는데? 한 살로 돌아가는 거지. 다섯 살 할래, 한 살 할래?"

엄마 말에, 미운 다섯 살은 한 살 아기가 되기 싫어 얼른 장난감을 두고 침대에 누웠대. 그러자 엄마가 꼭 안아주며 말했대.

"잠 안 자면 키 안 큰다고 어른들이 그러지? 키 할아버지가 1센티미터씩 가져가면 어쩌지. 그러다 주먹이처럼 작아지고 엄지공주만큼 작아지면 어떡해? 그럼 주먹이 아부지처럼, 주먹이가 소똥에 빠진 줄도 모르고, 물고기 뱃속에 들어간 줄도 모르고. 엄지공주처럼 두더지 아저씨랑 살면 어쩌지? 잠 안 자고 놀다가 간밤에 엄지공주보다 더 작아지면, 다음 날 아침에 엄마가, 내 아기 어딨누, 내 아기 어딨누~ 하고 찾겠지? 그럼, 엄마~ 나 진짜 아기가 돼서 안 보여? 나 여깄어. 개미만큼 작아져서 나 안 보여? 그러면서 슬피 울겠지. 엄마는 아기도 못 찾고 엉엉 울겠지. 그래도 잠 안 자고 키 할아버지 만날래?"

그러자, 미운 다섯 살은 엄마 품에서 도리도리 고개를 가로저었대.

"옳지 이쁘다. 눈 감고 엄마가 토닥토닥하면 저~기 보이는 꿈 기차가 보이지… 그거 타고 엄마랑 꿈속에서 놀자."

그랬대.

엄마 오늘은 꿈 기차가 어디로 갈 거 같아?

단우 응… 코뿔소 로봇나라…. 엄마, 꿈속에서는 마음껏 놀아도 돼? 키 할아버지 안 와?

엄마 그~러엄. 키 할아버지는 잠 잘 자고 꿈 잘 꾸는 아이는 이쁘다고 쓰다듬고 가시지. 옛다, 1센티! 하고 키 주고 가시지.

단우 말 안 듣는 미운 다섯 살은 어떤 할아버지 만나?

엄마 음… 글쎄…그건 다누가 말 안 들으면 생각나겠는 걸.

단우 아니야. 난 말 잘 들을 거니까 아무 할아버지도 안 만날 거야.

엄마 키 할아버지는 나쁜 분 아니셔. 엄마도 다누가 이쁘게 행동하면 아이고 이쁘다, 쓰다듬지. 근데 다누가 옳지 않은 행동하면, 이놈! 하잖아. 키 할아버지도 그런 거야. 다누 키 1센티 주고 싶어하셔. 하지만 늦게 자면 속상할 만하지. 다누를 사랑하니까.

단우 난 엄마만 사랑해.

엄마 엇! 뭐야! 나도 다누 사랑하는데? 우리 똑같네?

단우 키 할아버지랑 식사 할아버지는 필요 없어.

엄마 키 1센티미터는 어쩌고.

단우 (생각하는) 나 내일 작아지지 않지?

엄마 어디, 시계 보자. 힉! 빨리 눈 감자. 지금 자면 1센티 받고, 잠 안 자면 1센티 드려야 돼! 눈 감자!

단우 (눈 감는) 근데 엄마는 키 작아져? 키 커져?

엄마 에잉. 나도 키 받고 싶은데, 엄만 받을 만큼 받았어. 그래서 다누보다 크잖아. 엄마는 일찍 일찍 잤거든. 8시에 잤거든. 키 받으려고.

단우 형아들도?

엄마 당연하지.

단우 나 눈 감았다. 엄마, 나도 키 받아야지….

그러게. 단우야. 눈 감고 들어봐. 미운 다섯 살 다누는 우리 이쁜 단우처럼 예쁘게 자랐어. 그래서 더 이상 미운 짓은 안 하게 됐대. 다누처럼 이쁜 다섯 살이 되었대. 잘 자. 단우. 키 할아버지, 단우 잘 때 쏜살같이 오셔서 0.00000001초만큼 빨리 오셔서 키 주고 가세요. 부탁드려요!

이빨요정 같은 키 할아버지를 소환해볼까요

1. 서양의 동화책에 자주 등장하는 이빨요정(Tooth Fairy)처럼 키 할아버지도 요정 같아요. 8시(9시)에 자는 아이한테는 번개처럼 빨리 와서 1센티미터 주고 가시죠.

2. 언제 왔다 갔는데? 묻는다면, "키 줘야 하는 어린이가 너무 많아서 번개처럼 왔다 가셔서 네가 못 봤네. 엄마는 느낄 수 있어."라고 말해주죠.

3. 왜 눈에 안 보여? 하면, "이 세상에 눈에 보이지 않아도 느낄 수 있는 게 많지. 공기도, 바람도, 기쁨도, 슬픔도, 하나님도, 산타 할아버지도, 천사도, 전부 존재하지." 하고 말해주지요.

4. 요정이니 무서울 필요 없어요. 이놈! 하고 놀릴 필요도 겁줄 필요도 없지요. 언제까지 믿을지는 모르지만, 아이에게 꿈같은 존재들은 묘한 상상력을 자극하죠. 순수함은 아이들의 특권이에요.

5. "산타 할아버지는 없어."라고 말하는 아이에게, "믿는 아이들에게만 나타나니 안 보일 수도 있지. 믿어봐. 믿고 바라면 언제나 찾아오실 거야."라고 8살 딸아이에게 말해주었다던 친구의 말이 떠오릅니다. 믿는 만큼 보이는 것, 보

이지 않아도 존재하는 것에 관해 이야기해본다면 아이의 상상력은 또다시 자랄 거예요.

무섭게 아이를 협박하듯 말하지 않기. 상상 속 할아버지가 오시되, 사실 좋은 분들이라는 것. 먼저 옛날이야기로 할아버지를 소개해주고 나면 일상 대화에서 할아버지를 소환할 때 대화가 쉬워져요.

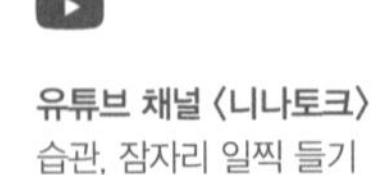

유튜브 채널 〈니나토크〉
습관, 잠자리 일찍 들기

거짓말

"거짓말을 할 때, 귓속말로 진심을 들어보세요."

아이가 사소한 거짓말을 할 때, 걱정되거나 사실 화가 먼저 나는 게 솔직한 엄마들의 마음인 것 같습니다. 하지만 거짓말을 했다고 윽박지르거나 화를 드러내기 전에, 아이에게 고백할 수 있는 작은 용기와 기회를 주는 것이 좋다고 생각합니다. 어른도 하기 힘든 고백, 아이라면 더 어려운 일이겠지요. 사실, 왜 거짓말이 나쁜지도 모르고 있을 것입니다.

하지만 부모 입장에서 거짓말이 뭔지 모르는 애라고, 그냥 넘어갈 수도 없습니다. 그럴 때 저는 귓속말을 하게 합니다. 귓속말로 하는 고백은 비밀을 지켜주겠다는 엄마의 약속이기도 하고, 아이에게 아주 작은 목소리라도 스스로 잘못을 인정하게 하는 작은 습관을 갖게 하는 것이죠.

귓속말로 이야기하면 엄마도 귓속말로 대답해줄 수 있거든요. 그러면 아이는 엄마와의 대화 안에서 안정을 느끼고, 과한 죄책감 대신, 용기 있게 말한 것에 자신감을 갖게 됩니다. 잘못을 인정하고 고백하는 방법을 엄마와 함께 해나가는 것만큼 좋은 인성교육이 또 있을까 싶기도 합니다. 이기적인 마음씨 대신 상대에게 내 잘못을 인정할 수 있는 이타적인 마음씨를 함께 품고 연습해가는 것입니다.

이야기를 만들게 된 모티브

작업실에서 글을 쓰고 늦게 귀가한 날이었습니다. 외할머니에게 아이를 맡겼죠. 읽기를 더듬더듬하기 시작한 아이에게 하루에 한 권씩 짧은 이야기책을 읽히기 시작한 지 얼마 되지 않은 때였어요. 집에 돌아와 보니 한참 잠들어 있어야 할 시간에 TV가 켜져 있는 거예요. 외할머니는 엄마랑 다르니 이때다 싶어 TV를 봤을 거라 생각했지요. 그래서 TV를 끄고, 물어보았죠.

"혼자 읽어보기로 한 책은 읽어봤니?"

그러자 아무 말도 하지 않았어요. TV를 끈 것, 엄마가 늦게 들어온 것, 오자마자 싫은 소리를 한 것 모두 맘에 들지 않았겠지요. 그래서 다시 물으니 "읽었어!" 하고 대답하더군요. 저는 사실 스스로 읽어보기로 한 책을 읽지 않았기 때문이 아니라, 엄마가 없는 사이 TV를 너무 많이 본 것에 화가 났고 잠들 시간에 잠을 자지 않은 것에 화가 났고, 그것도 모자라 거짓말까지 한 것에 화가 났습니다.

하지만 일단 화를 참았습니다. 아이를 오랫동안 기다리게 한 제 잘못이 먼저였으니까요. 하지만 거짓말은 그냥 넘어갈 수 없는 문제였습니다.

"엄마, 나랑 게임 하자."

그런데 이런 저에게 갑자기 이 시간에 게임이라니. 그래도 아무렇지 않은 척, 아이가 원하는 대로, 만칼라 게임을 한 판 해주었죠. 목 빠지게 엄마를 기다리며 이 게임이 하고 싶었을 것이고 어쩌면 엄마를 기다리기 위해 잠도 자지 않고 TV를 틀어놨을지도 모릅니다. 그런데 이번엔 게임을 하면서 우기고, 자기가 이기려고 구슬로 눈속임을 했죠. 게임은 이기고 지는 게 재밌는 게 아니라, 함께 노는 거 자체가 재밌는 거라고 말해줬지만 아이 입장에서는 이기는 게 재밌는 것이죠.

"거짓말하거나 속임수(trick) 쓰면 엄마는 이제 너랑 게임 하지 않을 거야. 솔직히 이렇게 노는 건 재미도 없고 하기 싫어."

최대한 화내지 않으려고 했지만, 속이 상해 이렇게 말이 나와버렸죠. 저는 게임판을 접었고 잠자리에 먼저 누워버렸습니다. 아이가 조용히 옆으로 눕더군요.

"하고 싶은 말 있으면 해. 엄마도 하고 싶은 말 있어."

"…"

아이를 보니 우물쭈물거리다가 뭔가를 작게 말하는 것 같이 보였습니다. 그때 생각이 났지요. 귓속말로 서로 말한다면 어떨까. 서로 잘못한 게 있었지만 부끄러워서 할 수 없는 말, 말로 꺼내기 쉽지 않은 말. 그걸 귓속말로 한다면. 상처의 말 대신, 이 적막을 깨고 서로 껴안으며 행복하게 잠들 수 있지 않을까?

"다누야~, 엄마가 옛날이야기 해줄게."

거짓말과 귓속말

Story 6

"옛날, 옛날에 거짓말을 하고도
엄마에게 거짓말이 아니라고 말하는 누다가 살았대."

* *

그러던 어느 날이었어. 누다는 엄마가 늦게 돌아온 저녁, 할머니와 함께 있었지. 엄마가 없으니까 신이 났어. TV에서 보고 싶은 만화를 엄청 오래도 봤지. 왜냐하면, 엄마가 돌아왔을 때까지도 TV가 켜져 있었거든. 그래서 엄마는 TV를 끄고, 누다랑 조금 놀아줬어. 누다는 불만이 많았지. 그날은 엄마가 늦게 오는 바람에 엄마랑 많이 놀지 못했거든.

"누다야, 이제 잘 시간 다 됐네. 읽기 책 두 권 읽고, 동화책 두 권 읽고 자자."

누다는 읽기 책이 싫었어. 귀찮았거든.

"싫어. 아까 나 혼자 읽었어. 안 읽어도 돼."
"그래? 한번 볼까? 엄마 없이 읽었으니 대단하네."

엄마는 누다가 읽지 않은 책을 가져와서 누다 앞에 펼쳐놨지.

"한번 읽어보자. 어떻게 엄마 없이 읽었을까. 대단하네."

누다는 조마조마했지. 처음 보는 글자들이었어. 하지만 아무렇지 않은 척 읽었지. 겨우겨우 아는 대로 읽었어. 다행히 아는 글자가 많아서 무사히 읽었지.

"누다야, 잘 읽었네. 그런데 아직도 엄마는 누다가 거짓말한 거 같은데, 혹시 거짓말했으면, 엄마한테 솔직히 말해주면 좋겠는데."

누다는 엄마를 똑바로 보면서 거짓말하지 않았다고 했어. 엄마는 누다의 표정, 누다의 눈빛을 보았지. 긴가민가했어. 그래서 누다 엄마가 말했지.

"누다야, 거짓말하면, 엄마랑 살 수 없어. 엄마는 거짓말쟁이를 싫어해. 제페토 할아버지는 거짓말쟁이 피노키오랑 살았지만. 맞아, 거짓말쟁이는 제페토 할아버지랑 살면 되겠다. 만약 네가 거짓말했다면, 내일 아침에 코가 자랄 거야. 피노키오처럼."

단우 (한참 만에 입을 여는) 어떻게 코가 길어져? 누다는 나무로 만든 피노키오가 아닌데.

엄마 오오, 엄마 말이 맞는지 틀리는지 볼까? 만약 누다가 거짓말했으면 내일 분명 코가 길어져 있을 거야.

단우 칫…! (토라지는)

누다 엄마는 누다에게 거짓말을 해서 코가 길어지면 제페토 할아버지한테 전화한다고 했지~. 누다랑 같이 살아달라고. 엄마는 거짓말쟁이랑 살기 싫다고.

단우 제페토 할아버지랑 살기 싫어!

누다는 다누처럼 제페토 할아버지랑 살기 싫다고 울먹였지.

"네가 거짓말하지 않았으면 걱정할 필요 없지. 엄마랑 살 수 있지. 거짓말쟁이가 아닌데."

단우 …. (울먹거리는)

"누다야, 만약에 네가 거짓말 한 거면, 자기 전에 엄마한테 귓속말로 말해줘. 엄마, 나 아까 거짓말 했어…. 그러면, 그걸 하나님이 듣고, 제페토 할아버지한테 안 가도 된다고 하실 거야. 하나님은 작은 소리로 말하면 더 잘 들어주시거든."

누다 엄마는, 누다에게 거짓말을 했으면 꼭 자기 전에 귓속말로 이야기해달라고 부탁했어.
누다는 다 싫었어.

"엄마, 나랑 만칼라 게임하자!"
"잘 시간인데."
"한 번만 하고 자면 되잖아!"

누다는 괜히, 화가 더 났지. 근데 누다 엄마는 누다가 왜 화났는지 알고 있었어. 누다 마음이 불편하니까 더 화가 났던 거야. 화가 나면 더 화가 나고, 더 화가 나면, 더더욱 화가 나거든. 계속 목소리도 커지고. 누다 엄마는 그걸 알고 누다와 만칼라 게임을 해주셨어. 화내고 싶지 않았어.

"어어, 누다야, 엄마가 방금 여기 구슬이 세 개 있는 걸 봤는데, 왜 두 개밖에 없어? 네가 가져갔어?"

누다는 엄마가 구슬을 옮기는 중에, 자기 차례도 아닌데 자기 구슬을 죄다 움켜잡아 홈마다 한 알씩 넣었지. 엄마 구슬 하나를 몰래 자기 만칼라 홈에 넣었어. 너무 이기고 싶었거든.

"누다야, 게임에는 규칙이 있어. 네가 규칙을 지키지 않으면 상대방은 게임이 재미없어지는 거야. 그럼 너랑 게임하기 싫고 재미없어져. 이기는 게 재밌는 게 아니라, 같이 하는 게 재밌는 거야. 엄마 구슬 돌려줘."

누다는 모든 게 맘에 들지 않았어. 너무 속상했어. 게임도 이기고 싶었고, 거짓말도 들키기 싫었어. 그냥 엄마가 미웠어. 눈물이 나왔어. 처음엔 화가 나서 울다가 나중엔 속이 상해서 울었어.

"엄마, 나빠!"

엄마는 누다를 가만히 바라보기만 했어.

"게임 더 안 하고 싶어?"
"안 해!"

누다는 만칼라 통을 덮어버렸어. 엄마가 화를 낼까 무섭기도 했어. 그런데 엄마는 화를 내지 않았어. 안아주면서 말했어.

"누다야··· 속상하지."

단우 (으앙~ 하고 우는)

엄마 단우야, 엄마가 늦게 들어와서 미안해. (꼭 껴안고 토닥이는) 그런데 있잖아··· 세상에는, 내 맘대로만 다 하면서 살 수 없는 일들이 많아. 내가 하고 싶은 것만 하는 사람은 다른 사람들을 생각하지 않고 고집도 피우고, 거짓말도 하고, 화도 내고, 나쁜 표정을 짓고, 나쁜 말을 하기도 해. 조커처럼. 그런데 배트맨이나 슈퍼맨은 다르지. 배트맨은 나쁜 조커 같은 사람들을 혼내주고, 사람들을 도와주는 일을 하잖아. 위험한 상황에서도 늘 사람들을 도와주잖아. 어떨 때는 진짜 하기 싫을 때도 있을 거야. 귀찮을 때도 있고. 그때 배트맨이, '에이, 오늘은 귀찮으니까 사람들 안 구해줘! 하기 싫어!' 한 적 있었어?

단우 (고개 젓는)

엄마 맞아! 슈퍼맨도 그렇고 D.C 히어로 모두, 언제나 하기 싫든 좋든 자기가 해야 할 일을 하지?

단우 ··· 응.

엄마 그건, 진짜 어렵고 힘든 거거든. 조커처럼 자기가 하고 싶은 대로만 하고 사는 사람이랑 그래서 다른 거야. 그래서 많은 사람들이 좋아하는 거고. 누다는 조커가 되고 싶어, 배트맨이 되고 싶어?"

단우 ··· 당연히 배트맨이지.

엄마 거봐. 단우는 배트맨 같은 사람이 되고 싶잖아. 그럼, 내 맘대로만 해야 될까?

단우 ··· 아니.

"화가 많이 난 누다야. 네가 우기고 화내고 거짓말한 거 이해해. 엄마도 화가 날 뻔했어. 그래도 한 번 생각해봐. 엄마가 미워서 화가 난 건지, 엄마한테 거짓말한 게 불편했던 건지. 엄마도 생각해볼게."

누다 엄마는, 누다에게 그렇게 말하고는 조용히 베개를 베고 누워 있었대. 누다는 울음을 그치고 생각했어. 엄마가 미운 게 아니었어. 그냥 엄마한테 거짓말한 게 불편했던 거였어.

"…아 참, 그리고 누다야, 하고 싶은 말 있으면 귓속말로 해줘. 기다릴게."

엄마 (귓속말로) 누다 엄마는 누다한테 미안하다고 먼저 말했어. 그러니까 엄마도 먼저 미안하다고 해야지. 미안해 단우야. 늦게 들어와서.

단우 (가만히 듣고 있는, 그러다 귓속말하기 시작하는) …. 했어….

엄마 응?

단우 (귓속말하는)… 거짓말… 했어.

엄마 … 아… 그랬구나… (귓속말로 간지럽히듯 속삭이는) 고마워….

단우 (귓속말이 재밌는지 웃으며 작은 목소리로) 미안해~.

엄마 (귓속말로) 나두~! 사랑해 단우!

단우 (귓속말로 장난치는) 귀 대봐! (속삭이는) 나도 사랑해! 히히히. (웃는)

엄마 앗, 간지럿!

단우 히히, 재밌다! 귀 대봐.

엄마 어이, 아저씨. 누다 얘기 끝까지 들어라.

단우 헤헤. (기분 풀어진) 얘기 해.

누다 엄마는 귓속말로 "거짓말해서 미안해~" 하는 누다를 보고 활짝 웃으셨지.

"휴, 천만다행이다! 누다랑 계속 행복하게 살 수 있겠네. 제페토 할아버지한테 갈까봐, 엄청 걱정했는데. 아이고, 우리 누다랑 계속 행복하게 살 수 있겠네!"

엄마는 누다에게 백이십만십구 번 뽀뽀를 했어. 누다가 간지러워서 낄낄대며 웃었대 끝!

엄마 단우야, 혹시 하기 힘든 말이 있으면, 이렇게 엄마한테 몰래 귓속말로 해줘. 그럼, 하나님이 듣고 기뻐하실 거야. 우리 단우, 오늘 배트맨같이 멋져.

단우 헤헤. 나 배트맨 같아?

엄마 아닌가? 스파이더맨같이 멋진가?

단우 휙휙 - 내 거미줄을 받아랏!

엄마 아이고, 스파이더맨 님, 저는 착한 엄마예요. 살려주세요!

단우 헤헤헤, 헤헤헤헤!

그날 밤 누다는 스파이더맨이 돼서, 메트로폴리스의 높은 빌딩들을 점프하며 조커를 잡는 꿈을 꿨대. 진짜 끝!

엄마 다누야, 엄마한테 귓속말 해줘서 고마워. 엄마도 귓속말 할래…. 사랑해…. 이건, 우리 둘만의 비밀이다. 알았지?

단우 귀 대봐. (잠시) 나도…. 이건 둘만의 비밀이다~!

아이에게 화가 났다면 '나중에'라는 말을 기억해보세요.

1. 아이와 잠자리에 누워 오늘 있었던 사건에 대해 하나하나 짚어가며 아이가 객관적으로 자신을 바라볼 수 있는 시간을 줍니다.

2. 화가 나서 서로 어색해진 잠자리라면 아이를 대신할 다른 인물로 이야기해도 좋아요. 아이는 자신이 아닌 다른 인물 이야기를 들으며 잠자리가 엄마에게 혼나는 시간이 아니라 천천히 오늘의 일을 돌아보는 시간으로 생각할 거예요.

3. 이야기를 들려주다 마지막은 귓속말로 화해할 시간을 가져보세요. 소곤소곤 간질간질, 점점 작은 목소리로 이야기하는 방법 등, 화해의 시간이 억지가 아닌, 재밌는 시간이 될 수 있도록 아이의 맘을 편하게 해줍니다.

4. 서로 귓속말로 미안하다는 고백을 하고 잘못을 인정하고 나면, 일상생활 속에서도 귓속말로 서로의 의견이나 감정을 확인할 수 있어요. 혹은 남들 앞에서 실수나 잘못을 했을 때, 귓속말로 서로 의논할 수 있어요. 타인 앞에서 아이에게 윽박지르거나 면박을 주는 걸 피할 수 있어요. 그리고 아이는 좀 더 용기 내서 잘못을 인정하려고 노력하게 돼요.

유튜브 채널 〈니나토크〉
거짓말 그리고 귓속말

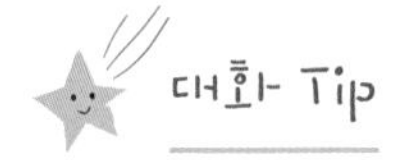

아동심리치료학 박사 케빈 스티드의 《웃는 부모 우는 아이》를 보면 파괴적인 벌주기에 대한 부모들의 흔한 실수에 대해 언급하고 있지요.

작가는 화가 난 상태에서 벌을 주지 말라고 조언하고 있는데, 어쩔 수 없이 자녀에게 벌을 주게 되는 경우, 부모는 확실한 행동계획을 가지고 있어야 한다고 합니다. 화가 난 그 즉시 대화하기보다, '나중에' 그 문제를 거론하라는 것이지요. 화가 난 상태에서 속이 상했을 때 거친 말을 하고 싶은 것은 자연스런 현상입니다. 그렇게 되면 '비난'할 수 있는 상황들이 생깁니다.

"도대체 왜 그러니? 아직도 동생이랑 다툴 정도로 철이 덜 들었어? 동생 그냥 놔두라고 몇 번 말했니? 너 바보냐?"

어느 아버지가 아들에게 한 말이었고, 2년 후 아들의 성적이 떨어져 다그치자 이렇게 대답했다고 합니다.

"봐요. 아빠는 언제나 내가 바보라고 했잖아요. 그런데 왜 놀라는 거죠?"

아이는 여러 해 동안 아버지의 비난을 마음에 간직했을 거라고 말합니다. 차분하고 덜 방어적인 상태에서의 대화를 시도하는 방법, 화를 내는 나와 그 화를 받아들여야 하는 아이. 우리에겐 수평적인 대화가 필요합니다. 아이의 사소한 거짓말, 화를 피하려고 하는 행동들에 분노하기보다, '나중에'라는 키워드를 맘속에 지니고, 잠자리에서 차분하게 서로의 감정을 이야기해보기를 추천합니다.

씻기

"가장 친한 존재에게 전화를 걸어보세요."

아이들에게는 가족뿐만 아니라 또래 친구와의 관계도 중요하죠. 그래서 가끔 아이가 제 나이에 맞지 않는 행동을 하거나 생활습관을 귀찮아할 때 '친구 찬스'를 쓸 수 있답니다. 물론 위트와 재미가 있지 않으면 반감을 가질 수 있으니 주의하세요. 가장 친한 친구에게 잘 보이고 싶어 하는 아이의 마음을 잘 다루는 것이 중요합니다. '친구 찬스'는 아이의 가장 친한 친구, 혹은 함께 읽었던 동화책이나 아이가 좋아하는 캐릭터에게 전화하는 방법인데요.

이때 중요한 건 전화 통화를 할 때, 그 친구의 '목소리 연기'를 펼치는 거예요. 무뚝뚝하게 전화 걸어 "여보세요? 세상에 단우가 씻지도 않고 저러고 있단다. 너도 그러니?"가 아니라, 엄마가 아이의 친한 친구 역할도 해가며 아이의 눈높이에 맞춰 상황을 얘기해보는 거죠. 물론 어떻게 보면 내 아이를 놀리는 거라고 볼 수도 있죠.

하지만 가끔 위트 있는 말솜씨로 아이에게 친한 친구 역할을 하며 이야기하면, 아이는 싫으면서도 그 상황을 즐깁니다. 재밌거든요. 재미있는 상황극 혹은 역할극을 한다고 생각하면 좋을 것 같습니다. 통화가 끝난 다음, 엄마인 나로 돌아와 아이와 그 문제에 관해 이야기하면, 엄마의 위트로 인해 재밌었기 때문에 해야 할 일도 즐겁게 해내는 걸 볼 수 있어요. 그럼 위트 넘치는 엄마가 되어볼까요?

이야기를 만들게 된 모티브

씻기를 귀찮아하는 단우에게 매일 씻어라, 시간 없다, 잘 시간이다, 왜 안 씻니, 그만 놀고 먼저 씻어라 등등 매일 씻기기 전쟁으로 잔소리가 이어질 때쯤 생각했죠. '우리 애만 씻는 게 싫은 건 아닐 거야. 다른 애들도 다 그럴 거야. 다누 친구들은 어떨까? 여자 아이들은 좀 더 잘 해낼까?' 그러다 욱하는 마음에 "네 친구들도 너 같이 씻기 싫어할까?!" 하고 말이 나올 뻔했죠.

그때 문득 스치던 생각은 '이 시간 단우 친구 중 한 명은 잘 씻고, 잘 준비를 다 했다 치고~! 그래, 내가 그 친구가 되어주면 되겠군.'이란 아이디어가 떠올랐죠. 전화 통화 하는 모습을 보이면 옆에서 듣겠지?

그런데 그 친구가 아니란 걸 대번에 알겠지? 분명 이 녀석은 "바꿔줘 봐" 할테지! 그래서 '대놓고 상황극 전화 연기'를 하기로 했죠. 혼자 1인 2역을 하는 겁니다. 아이는 엄마의 잔소리가 나와야 할 상황에 엄마의 상황극을 보더니 웃으며 제 입을 막았죠. 그리고 엄마의 위트와 코미디가 재밌는지 한참 옆에서 듣더군요.

이제는 전화 통화하는 상황극을 '진짜, 가짜'의 의미가 아니라, 엄마가 '이걸 원하는구나' 하고 받아들입니다. 아, 씻으라는 소리구나, 아, 이 닦으라는 소리구나. 직접 잔소리하는 대신, 그 상황을 재밌게 풀어낼 수 있습니다. 아이는 엄마의 마음, 엄마의 의도를 누구보다 잘 알기에, 엉터리 같은 연기라도 즐거워합니다. 그리고 그에 상응하듯, 자기가 해야 할 일을 잘 수행해내지요. 가끔 엄마를 봐주는 것 같은 여유까지 부리면서 말이죠.

여보세요, 유나니?

Story 7

* *

엄마　단우야. 잘 시간 다 됐네. 얼른 씻자.

단우　(건성으로) 네. 이것만 하구요.

엄마　(5분 뒤) 아직 안 하고 있네. 씻자 단우.

단우　(대답만 잘 하는) 네.

엄마　(부글부글 올라오는 것을 참는) 지금 9시 반이 넘었는데. 정확히 5분 안에 알람 켜둔다. 그 안에 씻자.

단우　알겠어요.

알람이 울리고.

엄마　(알람 끄기 전 5분을 겨우 참아내고) 박단우… 엄마 보세요.

단우　이것만 딱 하구요.

엄마　엄마, 눈 좀 볼래요? (아들은 특히 눈을 마주하고 얘기를 전달하라는 전문가 조언 실행 중)

단우　(슬쩍 보고 놀잇감에 집중하는)

엄마　안 되겠네. 유나한테 전화해야겠다.

단우　왜요.

엄마　유나한테 안 씻고 이 시간까지 놀고 싶어 하는 박단우에 대해 이야기해주려고.

단우　에이.

엄마　(전화 거는 척하는) 띠띠띠띠띠띠. (손가락 전화기 들고) 여보세요? 유나니? 어머, 오랜만이네. 아직 안 자고 있었네? 아, 그래? 지금 자려고 누웠구나. 넌 벌써 씻고 자는 거니? 어머 정말 멋지네. 아줌마가 괜히 전화했나보다. 담엔 일찍 전화할게. 미안~(끊으려다가) 어? 괜찮다고? 괜찮겠어? 미안해서 그러지. 유나는 딱 잘 시간에 누웠는데… 실은 다누가 이 시간까지 잠을 안 자길래, 나도 이렇게 못 자고 있었거든. 응? 아… (조용히 비밀 얘기하듯) 사실, 다누에 대해 네가 모르는 사실이 있어. 킥킥킥. 뭐? 듣고 싶다고? 정말? 이건 비밀인데? 어머 듣고 싶다고? 잠깐만~ (단우 보는)

단우　(이미, 엄마 옆에 서서) 하지 마, 하지 마~!

엄마　하지 말라는데? 어머 어쩌지? (단우 보고) 내가 무슨 얘기할 줄 알고? 뭐 잘못한 거라도 있음?

단우　아, 그냥~ 이제 씻을 거야.

엄마　어머, 유나야. 재밌는 얘기해주려고 했는데, 단우가 씻겠다고 그래서 어쩔 수가 없네. 담에 통화하자. 응? 뭐라고? 단우 바꿔달라고? 알겠어. (단우에게 받아보라고 시늉하고 재빠르게 유나 목소리로) 야~ 박단우, 나 유나다. 너 뭐 하냐?

단우　나…? 씻을 건대?

엄마　어머! 너 안 씻었냐? 어머어머어머, 난 아까 아까 아까 씻고 지금 자리에 누웠거든~?

단우　나도 그럴 거거든?

엄마 근데! 너 왜 이 시간까지 놀구 있냐? 너…. 혹시…. 레고하지? (단우가 놀고 있는 놀잇감을 정확히 가리키며) 하하하, 나 잘 알지?

단우 (웃는) 어. (웃는) 아, 엄마잖아~.

엄마 어머! (놀라는) 나 유나거든! 어머어머어머어머. 너, 밤늦게까지 안 자니까 헛소리가 나오는가봐~ 너, 근데 니 엄마가 아까 하려던 말이 뭐야? 얘기해줘. 궁금해 궁금해 궁금해~!

단우 …. 싫어.

엄마 왜?왜?왜? 말 못하는 거 보면… 하하하하! 뭔가 수상해. 너 혹시 안 씻었니? 어머어머어머어머 우웩~ 이 시간까지 안 씻은 거야? 어머어머~!

단우 (전화기 끊는) 딸깍! (엄마에게) 끊었어.

엄마 여보세요? 여보세요? 어? 끊겼다. 에이~! (능청맞게 엄마 목소리로 돌아와) 뭐래? 유나가?

단우 몰라.

엄마 몰라?

단우 전화하지 마~ (화장실로 가는)

엄마 씻을 거야?

단우 내가 씻는다 했잖아~ (화장실로 들어가는)

그날 밤, 잠자리에서.

엄마 단우야.

단우 응?

엄마 너 유나가 좋냐?

단우 좋지. 친구니까.

엄마 유나도 너 좋아하지?

단우 그럼 좋아하지.

엄마 그럼 유나는 네가 냄새나고 잘 안 닦고 그럼 싫어하겠네.

단우 전화하게?

엄마 잘 닦았으니까 유나도 안심이 될 거야. 전화할 필요 없지.

단우 전화하면 입 막는다~

엄마 알겠어…. (잠시) 아 맞다!

단우 (쳐다보는)

엄마 그래도, 아까 우웩 하고 끊었는데, 너 안 씻었다고 내일 안 놀겠다고 하면 안 되지. 전화해서 잘 씻었다고 얘기해줘야겠다. 띠띠띠띠띠.

단우 (싫지만 가만히 듣는)

엄마 어, 유나야. 우리도 잠자리에 누웠지. 응. 아니, 다른 게 아니라, 단우가 너랑 전화 끊자마자 엄청 깨끗하게 씻었다고. 비누칠도 잘 하고 잠깐만 (킁킁 냄새 맡는) 어머~~~ 엄청 좋은 향기가 나. 단우한테 엄청 좋은 냄새 나. (유나 목소리로) 어머~ 그래요? 다행이군요. 역시, 내 친구는 다르군~ 단우 바꿔주세요! (손가락 전화기 보여주는) 자, 받아봐.

단우 (괜히 싫어도 받는) 여보세요.

엄마 박단우!

단우 (웃는) 왜~

엄마 너 좋은 냄새 난다더라~

단우 어.

엄마 만약에 네가 안 씻으면 병 걸리고, 감기라도 걸려서 재채기라도 하면 코끼리 열 마리가 한 줄로 늘어선 만큼 병균이 날라가거든? 그럼, 병균 병사들이 우헤헤헤헤, 돌격! 장난감 돌격! 유나한테 돌격~~~! 온유한테 돌격

~~~! 막 이러면서 우리 몸에 붙어! 장난감이랑 벽이랑 선생님이랑 동생들이랑! 그럼 진짜 큰일 날 뻔했지! 우웩! 상상만 해도 끔찍하네 그치? 으헤헤헤 우리는 병균을 옮긴다~! 더러운 손, 더러운 이에 붙어산다. 박단우에게 감사의 경렛! 박단우가 씻지 않은 덕에 우리가 이 어린이집을 접수했다~! 이제부터 박단우를 우리의 커맨더! 대장님으로 모신다! 경례! 감사합니다. 박단우 커맨더!

단우 (웃겨서 우웩 연신 따라하는) 우웩~!

엄마 (유나 목소리로) 그럼 어쩔 뻔했냐고~~! 역시 넌 내 친구야. 그런 위험천만한 상황이 일어날 뻔했지만, 넌 우리 어린이집을 지켜냈어! You save the day! 만세! 박단우 만세! 다행이야! 그러니까~ 꼭 세수는 미루지 말고 해주길 부탁해. 유나의 오늘 말씀 끝! 땡! 끝! 빠이! (손가락 전화 끊고, 엄마로 돌아와) 오오~! 단우가 어린이집을 구했구만! 대박!

단우 헤헤헤. 재밌다. 나 비누로 잘 씻었지?

엄마 그럼, 완전 잘 씻었지! 대단한데? 내일 친구들이 엄청 좋아하겠다. 다누한테 좋은 향기가 난다고 하겠네!

단우 맞아!

엄마 아이고, 전화 통화 하다가 늦었네. 이제 얼른 자자. 내일 자랑하려면 빨리 자야겠네.

한동안 서로 킁킁대며 안아주고 귓속말하며 킥킥거리다 잠이 드는.
~~~

photolog

병균이 몸속에 들어오는 과정을 그린 과학동화나 생활습관 책은 아이에게 상상력을 통해 이미지를 그리게 하는 좋은 소재가 되죠.

4세에 보여준 백과. 기하학적으로 생긴 병균의 그림만 보여주며 아이와 이야기 나눴고, 이 그림들로 아이는 병균에 관한 구체적인 이미지를 갖게 되었습니다.

아이와 친한 친구의 목소리 연기를 해보세요.

1. 아이와 동갑내기 친구로 변해 보세요. 특히나 친한 친구의 목소리 연기를 좋아해요.

2. 엄마의 시점이 아닌, 친구의 시점으로 아이와 대화해보세요. 1인 2역, 3역, 4역, 엄마의 기량을 펼칠 시간이에요.

3. 친한 친구가 아니라면, 동일한 행동을 했던 동화책 속 주인공을 소환하세요.

4. 씻기와 관련된 이야기를 할 때, 병원균이 그려진, 위생과 관련된 동화책을 먼저 읽어주면 좋아요. 아이는 그 내용을 토대로 엄마의 이야기를 그림 그리듯 상상할 수 있어요.

5. 씻지 않으면 병원균이 어떻게 귀찮게 하는지 구체적으로 이야기해주면 좋아요. EBS나 교육 방송, 동영상 콘텐츠에서 위생과 건강에 관련된 내용을 찾아보세요. 그것들을 아이와 함께 보고, 잠자리에서 이야기해 보거나, 엄마 혼자 보고 나서 새롭게 각색해 이야기를 만들어보는 거예요.

6. 친구를 연기하는 전화 연기는 설사 놀리는 이야기가 되더라도, 재밌게 진행

해야 해요. 험담하듯 진지하게 말하면 아이가 울 수 있다는 점! 씻기를 잘 수행해내면 칭찬과 격려의 말로 끝맺어야 해요. 전화 연기의 포인트는 웃음, 상황을 즐겁게 만들기 위한 도구, 위트 넘치는 엄마의 말솜씨! 상처 주는 말들은 꼭 피하기! 향기 나는 내 아이로 마무리하기!

오늘 하루 유머러스하고 위트 있는 엄마 되기
각종 캐릭터, 동화책 주인공, 친한 친구 소환하기
동갑내기 캐릭터들과 전화 연기 시도하기
내 아이와 통화 연결하기
서로 대화할 수 있도록 만들어주기
놀릴 때는 아이 표정 살피며 과하지 않게 말하기
애가 울기 직전까지 말하기 없기

글자 읽고 쓰기

"글자 읽고 쓰는 걸, 왜 해야 하는데?"

무엇보다 중요하다고 생각하는 지점은, 아이가 원하는 시기를 기다리는 것이란 생각이 드네요. 손가락으로 짚을 때, 혼자 읽으려고 할 때, 혼자 읽었다고 자랑할 때, 그림을 작게 그릴 수 있는 손아귀 힘이 생길 때, 어떻게 읽고 쓰는지 물어볼 때가 반드시 옵니다. 그 시기는 아이마다 다르니, 굳이 나이와는 상관이 없는 것 같습니다. 되려, 나이보다 중요한 것은 그 호기심에 어떻게 대처해줘야 하는가일 것입니다.

저도 읽기를 위한 실패의 경험을 5세 초반에 하게 되었죠. 손가락으로 짚어 읽는 순간, 드디어 읽기를 시켜야 하는 건가! 흥분되면서도 걱정이 앞섰죠. 어떻게 시키는 걸까? 방법이 너무 많아서 뭘 따라야 하지? 읽기에 대한 흥미가 생기는 시기에 그 호기심을 엄마 욕망으로 엄마 욕심으로 앞서 생각하고 실행하면 아이가 뒷걸음질 치는 걸 알게 됩니다. 흥미는 커녕, 지겨워하고 피하는 사태가 벌어지기도 하고요.

그러니 아이가 손가락으로 짚는다고 읽기를 본격적으로 시키는 것이 능사가 아니라, 궁금증과 호기심을 넘어서 '읽고 싶다'는 아이 욕망이 생길 때, 도움을 필요로 할 때 해도 늦지 않다는 경험을 하게 되었죠.

하지만 그 시기에 저는 생각했습니다. 아이에게 왜 글자를 읽게 하고 쓰게 하지? 아이가 물으면 어떻게 이야기해줘야 할까? 물론 이런 질문을 하지 않을 수도 있습니다. 단지, 저는 엄마가 아이를 바라보며 가져야 할 마음에 대해 고민해본 것입니다.

우리는 왜 글자를 읽게 하고 쓰게 해야 할까요? 초등학교 입학 준비를 위해? 그 나이면 다 해야 하니까? 모두 맞지만, 근본적인 물음과 대답이 엄마의 마음에 먼저 들어서 있다면, 아이와 좀 더 논리적인 대화가 가능하지 않을까 합니다. 아니, 논리보다 아이 입장에서 그 이유를 헤아려보는 계기를 가질 대화라고 하는 편이 낫겠네요.

이야기를 만들게 된 모티브

5세 초반에 고민거리가 생겼어요. 아이가 읽으려는 기미를 보이기 시작하니 어떻게 해야 할지 모르겠더군요. 한글도 영어도 그때까지 전혀 '읽기독립'에 대한 고민을 해본 적 없던 저로서는, 그때 홈스쿨 카페 여러 곳에 들어가 한글 읽기독립과 영어 파닉스에 대한 정보를 얻으려고 마음만 바빴던 것 같습니다. 읽기 전용 한글 책과 파닉스 책을 읽히기 시작했죠. 지금 생각해보면, 조급함 때문에 큰일을 치룰 뻔했다는 생각이 듭니다.

지금 저의 결론은 그러한 책들은 그저 간식과 같은 책이라는 것입니다. 읽기 책을 읽히면서 그림을 가리고 단어를 읽어보게 시키거나 책의 전체 내용이 아닌 낱글자 읽히기에만 집중했더니, 아이의 호기심은 곧 시들해져버린 것입니다. 그렇게 해서 책을 좋아하던 아이가 '읽기 책'을 보여주면 슬슬 피하고 몸을 배배 꼬았죠.

한 달 정도 지났을까요. 어느샌가 아이에게 화를 내는 제 모습을 발견했지요. "이거 기억 안 나? 그림 보고 말하지 말고 글자를 봐봐. 아까 읽어줬잖아. 다시 자세히 봐봐." 이런 말을 뱉으며 답답해하고 있더군요. 그림책, 동화책 심지어 수학이나 과학책을 볼 때도 이렇게 화를 낸 적은 없었는데 말이죠. 읽기를 '제대로' 시작해보자는 엄마의 성급한 마음이 다섯 살 아이에게 부담을 줬던 시간이었던 것 같습니다.

그래서 읽기만을 위한 읽기, 즉 읽기용 한글 책, 파닉스 책을 읽게 하는 빈도수는 현저히 줄이고, 아이가 아기 때부터 좋아했던 동화책을 다시 펼쳐 함께 읽으며, 궁금해하는 단어나 문장을 짚어 읽는 정도만 했죠.

그런데 6세 반쯤 되니 스스로 읽기뿐만 아니라 쓰기까지 동시에 가능해지더군요. 읽기와 쓰기에 대한 호기심이 왕성해진 6세, 단우는 한글과 영어 문장을 '낱글자'로 인지하는 것이 완벽하진 않지만, 이야기를 유추하는 힘과 직관하는 힘으로 '단어'가 아닌 '문장' 전체를 읽게 되었습니다. 7세 단우는 스스로 책을 골라 읽을 뿐만 아니라 한글, 영어, 이집트 상형문자, 한자 등의 여러 글자는 물론 로마 숫자, 정자(Tolly Mark) 등 숫자의 다양한 표현 역시 사랑하는 아이가 되었습니다.

만약 아이에게 글자에 대한 교육을 시도해보실 계획이라면, '글자를 읽으면 할 수 있는 많은 것'에 대한 대화를 하면 좋을 것 같습니다. 동기부여가 될 수 있는 이야기를 먼저 생각해보시길 추천합니다. 저 역시 아이에게 글자를 읽고 쓰라는 말 대신, 글자를 읽으면 할 수 있는 재미난 일들을 이야기해주었습니다. 그리고 이 이야기만으로 더 이상 아이에게 다그칠 이유가 생기지 않았지요. 아이는 어느 날 자연스럽게 읽고 쓰는 아이가 되었습니다. '글'을 읽는다는 것이 '왜' 필요한지 알게 되었기 때문입니다.

누다는 글자 읽기 싫대요

Story 8

"옛날 옛날에 글자 읽는 게
너무 귀찮은 아이가 살았대요."

* *

누다는 곧 여섯 살이 되는데, 엄마한테 책을 읽어 달라고만 하지, 혼자는 도통 안 읽으려고 했대요. 그래서 엄마는 그런 누다가 걱정되었지요.

"누다야, 글자를 읽는 게 귀찮지?"
"응, 나는 글자 읽는 거 귀찮아! 엄마가 다 읽어주는데, 내가 왜 읽어!"

누다는 엄마와 글자 읽기 연습하는 시간이 제일 싫었지요.

엄마 다누야, 글자를 읽지 못하면 어떻게 되는지 알아?

단우 몰라.

엄마 글자를 읽지 못하면, 엄청 불편한 일이 많이 생겨. 그리고 다른 사람까지 불편하게 만들 수 있다!

단우 어떻게?

엄마 들어봐. 누다가 얼마나 불편한지!

어느 날 누다와 누다 엄마는 외출을 했대. 공원에 씽씽이 스쿠터를 타러 나갔지.

가을 날씨도 좋고, 누다는 씽씽이 스쿠터를 타고 신나게 달렸지.

"누다야, 천천히 가, 엄마랑 같이 가야지~. 그러다 엄마 잃어버리면 어쩌려고."

누다는 엄마 목소리가 들리지 않았어. 그러다 갑자기 너무 멀리 왔다 싶었지. 그리고는 뒤를 돌아봤는데, 어떡해. 엄마가 보이지 않았어.
"엄마! 엄마! 으~~~앙! 엄마~~~!"

누다는 이리저리 엄마를 찾아다녔어. 그러다 엄마가 예전에 했던 말이 기억났어. 공원에서 엄마를 잃어버리면, 화장실 입구나 공원 입구를 찾으라고 했지. 아니면, 사람들한테 안내소로 갈 수 있게 도와달라고.

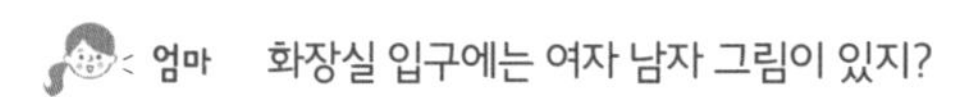

엄마 화장실 입구에는 여자 남자 그림이 있지?

단우 응. 나는 여자 남자 그림 잘 아는데.

엄마 맞아, 그림을 보고 찾을 수도 있지. 근데 어쩌면 좋아. 누다가 찾은 화장실은 글쎄, 여자 남자 그림이 마구 낙서가 되어 있어서 알아볼 수가 없었어. 글자만 남아 있었지. 누다는 읽을 수 있었을까?

단우 …. 아니… 못 읽지.

엄마 맞아! 글씨 읽는 걸 귀찮아했으니까!

누다는 화장실 앞에서 어쩔 줄 몰랐어. 그냥 아무 데나 들어갔지.

"얘! 여긴 여자 화장실이거든. 글자도 못 봤어?"

어떤 누나가 소리쳤어. 여자 화장실이었던 거지. 깜짝 놀란 누다는 옆 화장실에 들어가서 "엄마~!" 하고 불렀지.

"왜, 엄마를 여기서 찾니? 여긴 남자 화장실인데. 남자 화장실이라고 써 있는 글자 못 봤니?"

이번엔 또 어떤 아저씨가 그러는 거야. 누다는 아차, 싶었어. 다시 공원 입구를 찾기로 했지. 그런데 공원 입구를 찾는 시간이 오래 걸렸을까? 빨리 걸렸을까?

단우 오래 걸렸을 거 같은데.

엄마 응, 엄청 오래 걸렸지. 이정표를 보지 못하니까, 일일이 사람들에게 물어볼 수밖에 없었어.

그렇게 한참을 공원 입구를 찾으며 울다 지친 누다는 엄마를 못 찾을까봐 겁이 났어. 날은 점점 어두워졌어. 하늘은 주황색으로 물이 들어버렸지. 공원 입구를 찾아 힘없이 걸어가는데, 맘씨 좋은 아주머니가 누다를 불렀어.

"얘, 너 왜 혼자 있니? 엄마 잃어버렸니?"
"…네…. 도와주세요…."

만약 낯선 사람이 누다를 도와주려고 할 때, 이정표를 읽을 수 있었다면 가는 길을 잘 확인하면서 갔을 거야. 근데 글을 못 읽는 누다는 마음이 어땠을까? 아주머니를 따라가는 동안 겁이 났을 거야. 그분이 맘씨 좋은지 나쁜지 알 수도 없고. 다행히 맘씨 좋은 아주머니셨지만 말이야. 누다는 아주머니 덕분에 안내소에 도착했어. 아주 다행스러운 일이었지. 만약 그 아주머니가 나쁜 사람이었으면, 누다는 안내소는커녕, 영영 엄마를 못 찾을 수도 있었어.

"누다야!"

엄마가 드디어 누다를 발견했어! 누다 엄마는 아주머니에게 고맙다고 몇 번이고 인사를 했어. 그리고 집으로 돌아가는 길에 누다한테 말했지.

"글자를 못 읽어서 불편했지? 이제 엄마랑 글자 읽기 연습하자, 어때?"

누다는 고개를 끄덕이며 그제야, 길게 한숨을 쉬었대.

엄마 다누야. 이 세상에는 글자가 엄청 많아. 글자를 스스로 읽으면, 더 선명하게 생각할 수 있게 돼. 다누는 이제 곧 여섯 살이 되니까, 글자 읽기를 해봐야 해. 다누가 점점 커 갈수록, 나이를 먹을수록, 혼자 해야 할 일들이 많아지거든.

단우 읽어야 할 글자가 너무 많은데… 어려운데.

엄마 맞아, 쉬운 일은 아니야. 어렵지. 시간도 오래 걸려. 그런데 반드시 해야 하는 일이거든. 이 세상에는 반드시 해야 하는 일들이 있어. 누구나 해야 하는 일. 글자 읽는 것도 마찬가지야. 글자를 읽으면, 나 말고 다른 사람을 불편하지 않게 할 수도 있어.

단우 다른 사람이 왜 불편해?

엄마 먼저 다른 사람에게 일일이 물어보기 전에, 내가 혼자 할 수 있는 일들이 많아지니까. 내가 글자를 못 읽으면 다른 사람한테 부탁할 일이 많아지지. 엄마가 만약, 너무너무 바빠서 다누가 읽어달라는 책을 못 읽어줄 때, 다누가 혼자 책을 읽을 수도 있고.

단우 내가 책 읽어달라고 하면 엄마가 많이 불편해?

엄마 아니, 엄마는 늘 다누랑 책 읽는 게 좋지. 그런데 반대로 다누가 책을 읽을 수 있으면, 엄마가 바쁜 걸 보고, 생각할 수 있잖아. '아, 엄마가 바쁘니까, 내가 혼자 책 읽어야지.' 하고 엄마를 배려하는 예쁜 마음씨도 가질 수 있고.

단우 그러네.

엄마 다누는 분명 형들처럼, 뭐든 스스로 할 줄 아는 놀라운 어른이 될 거야. 조금만 노력해보자. 어때?

단우 좋아. 그러지 뭐.

photolog

5세, 글자에 관심이 있다고 읽기 공부를 시작해야 하나? 했지만 결국 6세가 되니 어느 날 자신이 가장 좋아하는 책을 읽기 시작했죠. 그리고 읽기와 더불어 쓰는 것에도 열정이 생기더군요. 그때 읽기와 쓰기에 대한 이야기를 함께 나눴고, 글자를 예쁘게 쓰면 보는 이의 마음이 좋아진다는 격려와 함께 한 달 동안 아이와 글씨를 '예쁘게' 쓰는 기간을 가졌습니다. 이제 단우는 한글도 영어도 스스로 자신이 좋아하는 책을 통해 읽고 씁니다. 저의 간섭 없이도, 아이는 스스로 성장해 가고 있었습니다.

7세에 책을 보면서 글자(한자, 그리스어, 상형문자 등)를 쓰는 단우

글자 읽는 장점은 알려주되 억지로 하지 않기

1. 글자 친구들이 너랑 친해지고 싶은가봐. 글자들이 보이기 시작하니 좋겠다. 독려하기.
2. 불편한 점과 편한 점들 생각해서 알려주기.
3. 아이가 밖에서 우연히 읽었던 글자들에 대한 경험들을 떠올리며 함께 이야기 나눠보기.
4. 스스로 할 수 있는 것이 많다는 장점 이야기하기.
5. 거꾸로 쓰거나 제대로 읽지 못했던 경험을 재밌게 농담처럼 이야기해보기. 예를 들어, 어, 방금 거울글자가 됐네? 글자가 뒤돌아보고 있네? 가볍게 이야기해주며 고쳐주기.
6. 일부러 글자를 거꾸로 쓰거나 읽어보며 재밌는 이야기 이어가기. 곰이 누우니까 문이 됐네?

대화 Tip

1. 《아이에게 꼭 해줘야 할 59가지》라는 책에서 보니, 아이가 자연스럽게 글자에 호기심을 갖게 되는 시기가 오면 5~6세에 가볍게 시작할 수 있다고 조언하고 있습니다. 저의 경우 5세 이전에는 한글이나 알파벳 읽기 노출을 하지

않았고 단우가 5세 봄, 손가락으로 글자를 읽으려고 할 때, 한 줄짜리 읽기 책을 읽어보도록 권유했죠.

하지만 그것이 가끔 하는 놀이, 혹은 호기심을 채워줄 '꺼리'가 아닌, '해야 하는 일'이 됐을 때 아이는 글자 읽기를 하려고 하지 않았습니다. 그때 앞서 나온 이야기를 만들어 들려주었던 것이죠. 이런 이야기를 해주고도 아이가 원치 않으면 그냥 놔뒀습니다.

그리고 6세 여름이 되니, 스스로 고른 책을 혼자서 읽는 모습을 자주 볼 수 있었습니다. 자신이 가장 좋아하는 수학동화로 한글을 떼더군요. 《6세 아이에게 해줘야 할 59가지》라는 책에서는 초등학교 입학 전에 한글을 떼는 것이 바람직하다고 말합니다.

이제는 주입식 교육이 아닌, 답을 스스로 만들어가는 과정을 중시하는 교육의 흐름 때문에 단순히 글을 읽는 것 이상으로 자신의 글을 이용해 사고력을 갖추어 글을 쓰는 아이들이 유리하다고 이야기합니다. 글자를 떼는 여러 가지 방법들은, 세간에 나온 교육서를 보면 자세히 기술되어 있으니 생략하겠습니다.

2. 아이와 글자 쓰기를 해볼 때 제가 독려하는 말들입니다.
   - 어제보다 이 글자가 더 멋져졌네. 역시 연습하는 건 아름다운 일이네.
   - 글씨는 거짓말을 하지 않아. 정성을 들이면 예쁜 글자가 나오고, '에잇 쓰기 싫어' 하면 곧바로 삐뚤빼뚤 되는 게 보이지? 글씨는 아주 정직한 기호야.

–네가 이쁜 마음으로 써 내려가니까 네 글자를 보는 엄마 마음이 참 좋다.

–네 글씨가 다른 사람이 볼 때도 행복하게 해주는 마법 글자가 되면 좋겠다.

–글자 칸에 중심을 잘 지켜서 쓰면, 균형이 뭔지 알게 될 거야. 글자는 균형을 가질 때, 바로 보이거든.

–흘려쓰기가 어떤 방식인지 보여줄게. 흘려쓰기는 이런 모양이야. 멋과 너의 개성이 실리게 쓸 수 있어. 그런데 흘려쓰기를 잘 쓰려면, 먼저 균형 있게 쓰는 연습이 필요해. 그게 되면, 너만의 흘려쓰기가 또 탄생할 거야.

–처음엔 쓰다말다 1시간도 넘게 걸렸지만, 연습하고 쓰는 방법이 생긴 글자들은, 쓰는 데 오래 걸리지 않지? 거봐. 글씨쓰기는 네가 시간을 컨트롤할 수 있게 해주는 연습이야. 오늘은 20분밖에 걸리지 않았네. 네가 시간을 컨트롤한 거야. 대단하다. 멋지네. 단우.

–쓰면서 읽어보니까 또 다른 느낌이 들지 않아? 어떤 느낌이 들었어? 맞아. 글자 하나하나가 모여서 의미를 만들어내는 게 신기하지? 읽고 쓰는 걸 같이 해보니 또 여러 생각이 생겼지?

–오늘 엄마는, 다누 글자 중에 '호'자랑 'e'자를 보면서 제일 기분 좋았어. 점점 잘하는구나. 정말 잘했다. 오늘 미션 클리어!

유튜브 채널 〈니나토크〉
글자 쓰고 읽기를 독려할 때

아이와 '도감'을 만들면 글자와 더 친해져요.

처음엔 엄마가 그림을 그려줍니다. 아이는 목련꽃 그림에 색칠만 했어요.

저와 단우가 각각 좋아하는 심해동물을 그리고 써봅니다. 도감에는 꼭 이름과 날짜를 기록하도록 했지요.

아이가 스스로 '자'를 이용해 그린 그림입니다. 그림의 제목 짓기(label)를 습관화했습니다. 아이가 지은 제목은 스스로 쓸 수 있게 했지요.

5세부터 차곡차곡 만들어온 도감입니다.

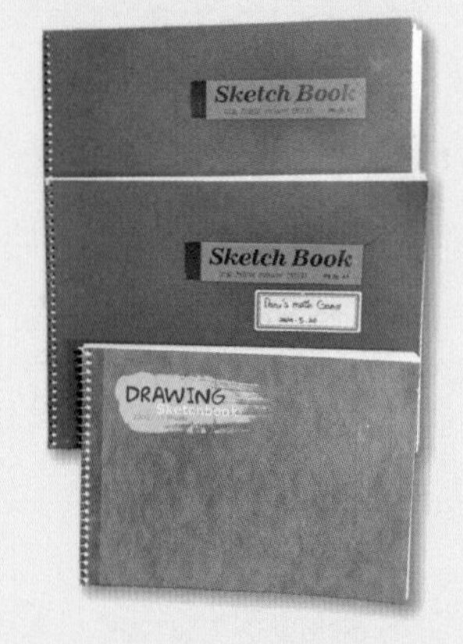

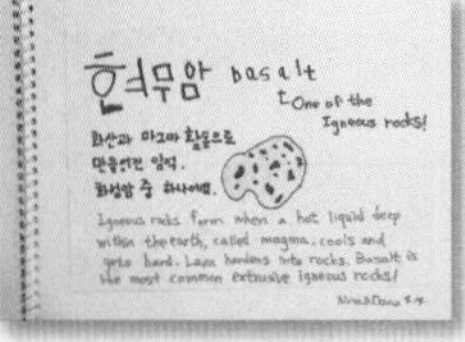

사전에서 의미를 찾아 쓸 때도 아이에게 도와달라고 했지요. 제목 정도는 즐겁게 써주었습니다.

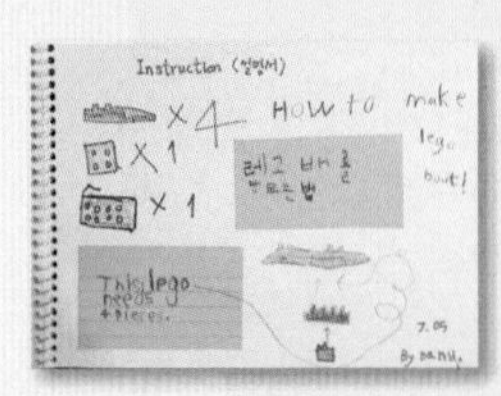

레고로 자기만의 디자인을 할 때도 '설명서'를 만들어달라고 했죠. 글자를 써야 하는 이유를 알아갔습니다.

함께 읽었던 책의 내용을 그리고 재밌는 수학 이야기를 쓰기도 합니다. 우리만의 'blog'이자 '일기'인 셈이지요.

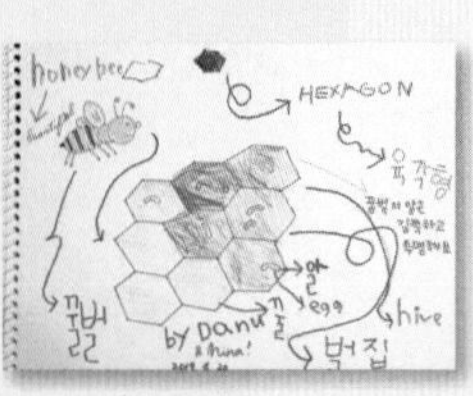

작년부터는 엄마의 도움이 줄어들고 스스로 도감의 한 페이지를 채우기 시작했습니다.

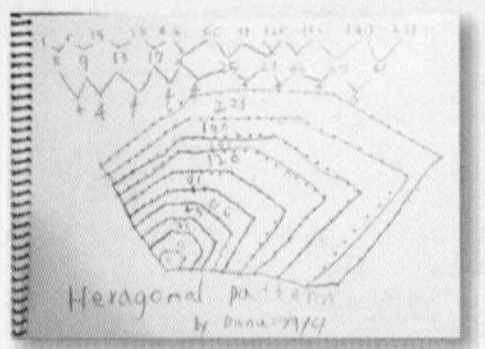

아이가 사랑하는 '수학' 도감에도 역시 날짜와 이름, 제목을 쓰도록 했습니다. 이 세상에 하나뿐인 자기만의 보물 책이 되어갑니다.

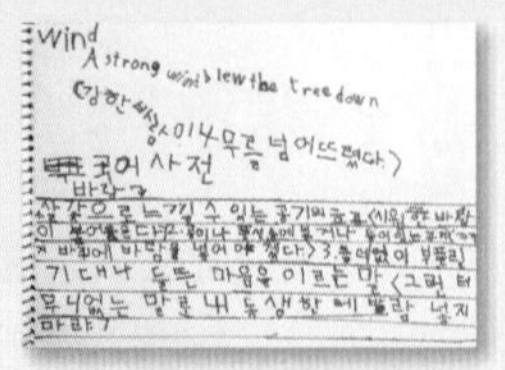

'바람'에 대해 이야기 나눈 후 사전에서 뜻 찾기를 했죠. '그런 터무니없는 말로 내 동생한테 바람 넣지 마라'는 예시 문장에 아이는 박장대소했습니다.

photolog

글자 쓰기를 사랑하게 하는
방법이 또 있습니다.

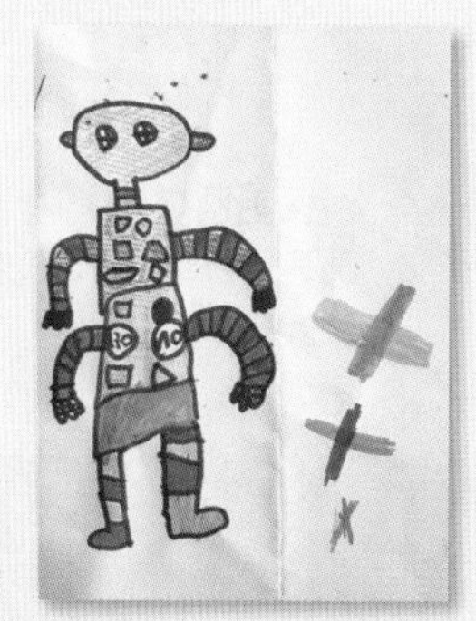

어느 날 아이에게 거울 편지를
쓰자고 했죠.

아이가 쓴 거울 편지

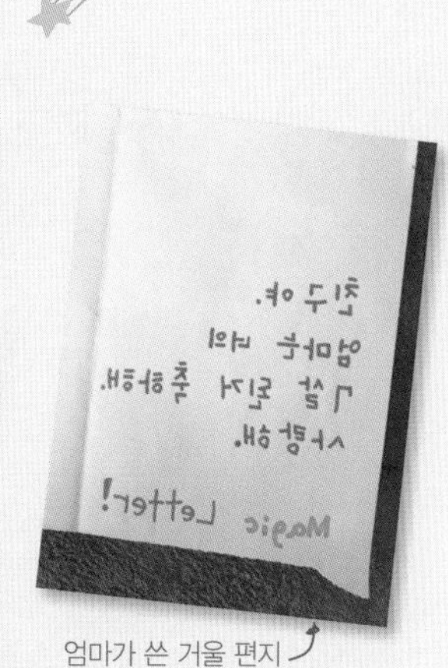

엄마가 쓴 거울 편지

거울 편지 쓰기를 하려고 여러 번 거울에 비추며
글자를 쓴 경험은 아직도 우리의 대화거리입니다.

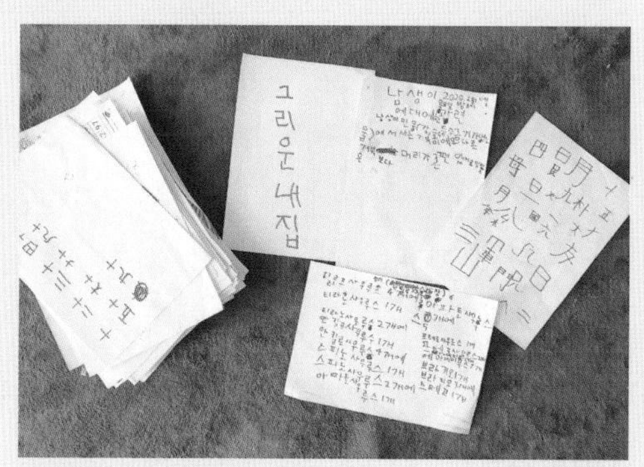

저는 여전히 아이가 끄적이는 것들을 모아둡니다. 그리고 아이와 한 번씩 꺼내어 보면서 "우리가 이 많은 걸 해냈단 말이야?" "네가 이런 걸 생각했다니, 너무 멋진데?" 하며 대화하곤 합니다. 글을 쓴다는 건 이렇게 '다른 이'를 감동시키는 힘이 있다고 말해주는 것입니다.

동영상 웬만해선 보지 않기

"좋은 동영상을 어떻게 선택하게 하는지,
어떻게 하면 되도록 안 보게 할 수 있는지 생각해볼까요?"

세 살 무렵, 일찍 동영상에 노출된 아이를 바라보며 고민하던 날이 있었습니다. 많은 엄마들이 스마트 폰이나 동영상 노출에 대한 여러 가지 생각들이 많을 거라고 생각합니다. 저의 경우 일을 하고 늦게 들어오는 날이 잦았던 데다가 단우보다 나이가 많은 형들이 미리 나눔해주었던 로봇 캐릭터들 때문에 일찌감치 로봇 관련 영상을 생각 없이 보여주던 때가 있었지요.

그런데 어느 날 아이가 동영상을 보다가 스크롤 하는 법을 터득하고 스스로 스마트 폰을 조작하는 모습을 보고, 스마트 폰을 쥐어 주지 않게 되었어요. 대신 꼭 보여주고 싶은 동영상 자료가 있다면 따로 리스트를 만들어서 3개 정도만 보여줬고, 아이와 약속을 정하고 보는 것을 습관화했어요. 유튜버 시대가 도래해 대부분 아이들이 동영상에 쉽게 노출되어 있고, 유튜버가 꿈인 아이들도 생겨났죠.

이런 시대의 흐름 속에서 옳고 그른 콘텐츠를 구별할 수 있는 힘을 갖게 하는 것은 중요한 이슈가 되고 있습니다. 내 아이가 동영상에 쉽게 노출되어 있다면 완전히 끊고 차단하기보다 어떤 콘텐츠를 보여주느냐가 중요한 시점인 듯합니다. 또한 아이 스스로 동영상 시청에 올바른 선택을 할 수 있어야겠죠. 동영상은 제대로 활용하면 세계와 소통할 수 있는 좋은 통로가 될 것이고, 제대로 활용하지 못하면 안 보여주는 게 나으니까요. 무방비가 아닌 선택적인 콘텐츠를 보는 방법은, 아이와 엄마가 끊임없이 협상해야 하는 부분일 것 같아요.

어쨌든 관건은 동영상 의존도를 낮추고, 시선을 환기해줄 수 있는 여러 가지 방법을 모색하는 것 아닐까요. 저는 그 방법에 있어서, 고압적인 태도 대신 평화협상을 지향합니다. 협상하는 방법은 꽤 잘 통하거든요.

"엄마 이거 보면 안 돼?"

"몇 개 볼래? 네가 정해. 두 개랑 세 개 중에 택해. 세 개 이상은 안 되고."

"음… 그럼 세 개."

"세 개를 보는 대신 30분 이하로 봐야 돼. 네가 보고 싶은 프로그램이 뭔지 알려줘."

"○○○○ 보면 안 될까? 난 ○○○를 보는 게 좋겠어."

"○○○라~ 음, 나쁘지 않아. 대신, 다 보고 나면 엄마가 끄지 않고, 네 손으로 끄는 거야. 자기 약속은 자기가 지키는 게 멋있는 거니까. 네 손으로 끌 수 있으면 그걸 봐도 좋아?"

"당연하지. 내가 끌게."

선택할 수 있는 상황을 제안하고 스스로 선택하게 한 후 반드시, 스스로 선택한 약속에 책임지게 하니, 아이는 불만이 없죠. 본인이 원하는 걸 이뤘거든요. 협상을 통해서 엄마에게 자기 의견도 말했고, 엄마의 생각도 존중해줬죠. 협상은 아이가 동영상을 보려고 할 때 필요한 소통이라고 생각해요.

하지만 어떻게 하면 영상보다 다른 것에 즐거움을 가질 수 있도록 할까요? 대부분 영상을 보여주는 이유는 엄마가 할 일이 있어서, 엄마가 쉬어야 해서죠. 함께 보는 게 아닌 이상 엄마의 필요에 의한 어쩔 수 없는 선택인 셈이죠. 엄마들은 약간 죄의식이 들기도 하고, 뭐 어때? 불편한 마음을 애써 넘기기도 합니다. 자기 전까지 놀겠다는 아이와 계속 놀아줄 수도 없습니다.

아이랑 놀다 보면 어느 순간 멍해지기도 하고, 단순하고 반복적인 놀이가 질리기도 하고, 로봇으로 싸우자는 소리가 제일 무서운 주문으로 들리기도 하죠. 왜 그렇게 자기만 이쁜 역할 멋있는 역할 맡고, 엄마는 악당이나 마녀 역을 하라고 하는지. 왜 난 매일 져줘야 하는지 말이에요.

그렇다고 습관적으로 동영상을 틀어주진 말자고요. 어떻게든 되도록 안 보여주고, 엄마의 참여 없이 놀게 할 수는 없을까요? 그러려면 '위트 있는 대화, 위트 있는 소통'이 필요한 것 같습니다.

친한 친구 중 7세 외동딸을 키우는 프랑스 친구가 있습니다. 딸아이는 아주 창의적이고, 질문이 많고, 모험을 즐기죠. 10세들이 탈 것 같은 두 발자전거를 주저하지 않고 탑니다. 엘사 드레스 대신, 마에스트로가 연상되는 연미복 입기를 즐기는 엉뚱하면서도 명철한 아이죠. 무엇보다 혼자서도 아주 잘 노는 아이에요. 그 집엔 TV도 없죠.

"단우랑 계속 놀아주는 게 쉽지가 않아. 잘 때까지 나랑 같이 놀자고 해. 넘 힘들다."

"혼자 놀게 해야지. 너도 네 일이 있고, 너도 쉬어야 하는 걸 이해시켜야지."

명료하게 말하더군요. 프랑스 엄마의 육아 방법이 궁금해서 《프랑스 엄마처럼 똑똑하게 야단쳐라》 책을 읽던 중이었는데, 그 친구의 태도 역시 책에 나온 대로였습니다. 여느 프랑스 엄마들처럼 명료한 자기만의 방식이 있었죠.

아이를 잘 바라봐줍니다. 아이를 독립적으로 키우고, 아이 혼자 노는 시간을 미안해하지 않습니다. 그저 노는 방법을 도와주고, 안내하고, 바라봅니다. 《프랑스 엄마처럼》이란 책에서 언급했던 '권위주의에 젖은 엄마가 아닌, 권위 있는 엄마의 모습' 그대로였습니다.

눈높이를 맞춰준다고 모든 상황에서 아이의 또래 친구처럼 놀아줄 수 없으니, 가끔 있는 그대로의 나로서 아이를 바라보는 것도 필요하지 않을까요. 위트 넘치고 재미있는, 그러나 권위 있는 엄마 말입니다. 친구는 말했습니다.

"아이가 혼자 놀 때는 상상력이 자라나는 시간이니 너무 안쓰러워하지 마. 엄마, 이것 봐! 달려오면, 오, 아하! 와우?라고 하면 돼. 끊임없이 놀아줘야 한다는 생각에서 벗어나. 혼자서도 '놀 수 있는 방법'을 찾게 도와줘."

저는 이후부터 끊임없이 놀아주는 대신, 혼자 놀고 있는 모습을 바라봐주기로 했습니다. 가끔 오, 아하! 와우! 잘했네? 반응해주는 방법을 찾아갔지요. 그리고 만약 혼자 놀다 지루하다고 하거나 습관처럼 동영상을 보고 싶다고 조르면, 여러 가지 위트 있는 농담을 했습니다. 그럼 함께 위트 있는 농담을 고민해볼까요?

이야기를 만들게 된 모티브

어느 날 단우 아빠가 스마트 폰으로 블록 게임을 하고 있었지요. 단우가 심심했는지 괜히 아빠 옆에 앉아 아빠 하는 것을 구경하는 거예요. 세 살 때 일찌감치 로봇 캐릭터를 알게 된 단우에게 관련 동영상 보여주기를 끊고, 대신 재밌는 교육 콘텐츠만 선별해서 보여주었어요. 앞서 언급했듯, 협상을 위한 대화, 자기 선택과 약속의 과정이 있었기에 동영상에 대해 크게 의존도가 높지는 않았어요.

그래도 가끔 아빠나 큰 형들이 스마트 폰으로 게임하는 모습을 보면 곁에서 뚫어지게 보곤 했죠. 그때 절대 보지 마! 애들 보는 거 아니야! 네가 그걸 왜 봐!라고 말하는 대신, 다른 방법을 찾아 이야기해주었지요.

남편이나 이미 성인이 된 아들들의 작은 휴식을 방해하지 않으면서,

단우에게 그럴싸한 이유를 들어 동영상보다 더 재밌는 자극을 주는 방법을 생각해보기로 했어요. 의외로 아이는 제 말을 잘 알아듣고 이해했어요. 재밌는 이야기를 만들어 말해주니, 설사 그 말이 전혀 논리적이지 않을 때도 아이는 엄마의 말을 재밌게 경청했어요. 바로 뇌세포에 대한 구체적인 이야기를 그림 그리듯 설명해준 거였어요. 그럴싸한 이유가 얼마나 중요한지는 다음에 '수사학'에 관한 이야기를 통해 다시 언급하도록 하겠습니다.

단우야, 뇌세포가 춤춘다!

Story 9

"엄마, 심심해. 놀아줘."

* *

엄마는 저녁 식사 준비 중이고, 단우는 블록을 만지작거리고 있고, 아빠는 소파에서 게임을 즐기며 휴식을 갖는데.

단우 (아빠랑 놀고 싶은) 아빠 뭐 봐요?

아빠 아빠, 게임 하는데.

단우, 아빠한테 다가가 자리잡는다.

단우 (말 없이 아빠 하는 것을 보는)

엄마 (단우가 아빠 옆에 앉아 낄낄거리는 것을 보는) 단우 재밌어?

단우 와하하, 아빠 잘한다! (엄마 얘기 안 들리고)

아빠 (게임에 집중) 어어.

단우 이렇게 해봐요. (훈수 두는)

아빠 어어, 안 돼, 안 돼~!

엄마 블록 놀이 안 해? 블록 가지고 놀더니 왜?

단우 그냥. 재미없어.

엄마 그럼 치워야겠네.

단우 어.

엄마 단우야~.

단우 엄마, 나 아빠가 하는 게임 할래.

엄마 (깜짝 놀란 듯 오버하는) 힉! 안 돼!

어른들 하는 게임, 스마트폰은 애들이 보면 큰일 난다?

단우 왜?

엄마 네 예쁜 뇌세포가….

단우 ??

엄마 깨꼬닥!…. 죽어!

단우 (죽는다는 말에 보는) 죽어? 전부 다?

엄마 (다급하듯) 이리와 봐! 좀 보자…!

단우, 엄마에게 쪼르르 온다.

엄마 (단우의 머리를 앞뒤 옆 목 귀 뒤 가르마까지 샅샅이 들춰보는) 어머어머어머! 웬 일이니.

단우 (놀라서) 왜?

엄마 단우, 세포 알지?

단우 알지. 우리 몸에 엄청 많잖아. 적혈구, 백혈구, 피에도 있고! (아는 척하기 시작하는)

엄마 그렇지! 그런데 뇌에 있는 세포는 다누를 엄청 똑똑하게 하는 세포들인데, 걔네가 죽는다 생각해봐. 어떻게 되겠어?

단우 돌처럼 딱딱한 머리 돼.

엄마 그렇지! 엄마가 그랬지? TV 많이 보고 영상 너무 보면 돌머리 된다고. 머리가 돌처럼 굳어서…. 나중에 눈도 코도 입도 없어지면 어떡하냐고~ 진짜 돌이 되는 거야. 돌이 눈코입이 어딨어! 기억나지?

단우 그럼, 네 살 때 엄마가 그랬지. 나 기억나.

엄마 아이들 머리는 말랑말랑해야 돼~ 그래야 뇌세포들이 춤을 이쁘게 추지. 이쁘게 춰야 하는데 머리가 딱딱해지면 그 안에서 쿵쿵 부딪히겠지! 큰일 나겠지?

단우 그러네. (수긍하는)

엄마 (단우의 머릿속을 다시 들여다보는) 머릿속 좀 보자. 잠깐만 돋보기 어딨지? 잠깐만 기다려!

엄마, 비상사태라도 난 듯 돋보기를 가져온다.

엄마 (돋보기로 머리 이곳저곳을 관찰하는) 어머….

단우 (머리를 숙인 채) 왜? 어떻게 됐어?

엄마 (유심히 이마와 정수리를 만져보는 나) 바로 여기! 여기가 좀 딱딱해진 거 같은데? 잠깐… (진찰하듯 조용히) 어머 15개 세포가 죽었다. 아! 게임 한번 볼 때마다 15개가 죽는구나. 듣기만 했지 첨 봤다. 아! 그러네 게임 보면 15개씩 죽네. 15개가 지금 춤을 안 춰. 어머… 가만히 있다. 움직이질 않아…. 아… 어쩌냐….

단우 15개 죽었어?

엄마 단우야. 안 되겠다! 빨리 새로운 뇌세포를 만들어.

단우 어떻게?

엄마 생각을 하면 돼. 네가 생각할 수 있는 놀이를 찾아봐. 생각을 해야 세포가 움직이기 시작하고 춤을 추거든? 그래야 새로운 세포들이 막 다시 생긴다. 알지, 세포가 막 자라나는 거, 그림 본 적 있지. 기억나?

단우 있지!

엄마 생각할 수 있는 놀이! 그래, 블록이 좋겠네.

단우 이제 블록 재미없어. 게임 하고 싶은데.

엄마 거봐! 벌써 블록 놀이가 시시하고 재미없지? 머리 쓰기 싫지? 머리가 잘 안 돌아가고 아이디어가 생각이 잘 안 나지? 어떻게 놀아야 하는지 다 까먹었지? 엄마 말이 맞지?

단우 (생각하는) 블록으로 만들 수 있는데? 나, 아이디어 많은데? 지금 생각났어!

엄마 설마 그럴리가! 그럼 지금 새로운 뇌세포를 만들 때야! 15개 뇌세포가 죽었으면 그 이상을 채울 때라고! 만들어봐~~!

단우, 블록을 붙잡고 열심히 혼자 만들기 시작한다. 그러더니 뚝딱 뭔가 만들어 가져온다.

엄마 우와! 뭐야, 뭐야?

단우 (신나서) 뇌세포 몇 개나 생겼어!? (머리를 내미는)

엄마 (이마와 정수리를 유심히 매만지는) 우앗! 30개나 새로 생겼어! 대박! 그럼 아까 15개 사라지고 30개 생겼으니까 몇 개가 새로 남은 세포일까?

단우 (셈하는) 15개!

엄마 그렇지! 그럼 30개의 새 세포가 머릿속에 남으려면 얼마나 더 생겨야 하지?

단우 (생각하는) 어? 또 15개!

엄마 그렇지! 드디어 생각 세포가 자라고 있다. 셈이 빠른데? 그럼, 더 생각해서 만들어봐.

아빠, 멀찌감치 듣고 있다가, 스마트 폰 가지고 조용히 안방으로 건너간다.

단우　아빠, 게임 많이 하면 뇌세포 죽는다요?

아빠　응, 아빠는 어른이라서 세포가 죽지 않을 만큼 강력해. 너도 강력한 세포 만들려면 엄마 말 들어. 춤을 열심히 춰야 아빠만큼 강력한 세포가 된다~!

아빠 들어가고. 단우 혼자 블록 놀이 삼매경에 한참 동안 빠진… 어느 날 저녁.

혼자 놀이를 하거나 동영상을 보려고 할 때

1. 아이의 나이와 상관없이 '위트 섞인 대화'는 아이들을 즐겁게 해요. 농담이든 진심이든 아이들은 엄마와의 즐거운 대화를 통해 절제할 수 있어요.

2. '어떻게 뇌세포가 보여? 거짓말!' 하면, 또 위트 있게 대답하면 돼요. 엄마만의 그럴싸한 대답을 생각해봐요. 논리적이면 좋겠지만, 꼭 논리적일 필요도 없어요. 포인트는 재밌게 이 상황을 아이와 협상하는 거죠. "어머, 산타를 안 믿는 아이들한테 산타가 나타나지 않는 거랑 같은 이치지~","공기가 눈에 보여? 넌 어떻게 공기가 있다고 말할 수 있어?" "엄마는 신비로운 눈이 하나 더 있거든. 보이지 않는 눈! 특히 네가 하는 생각을 잘 볼 수 있지~!" 뭐든 좋아요. 꼬리에 꼬리를 무는 대화가 수다처럼 연결될 때, 아이는 거기서 또 작은 즐거움을 찾아요.

3. 아빠가 잘 놀아주면 좋겠지만, 또 놀아주는 방법에 서툰 아빠들도 있죠. 그러면 또 어떤가요? 저는 아이를 앞에 두고 아빠와 감정적인 말다툼 대신 다른 방법을 찾았어요. 아이 앞에서 스마트 폰을 하는 아빠라고 다 나쁜 아빠는 아니니까요. 아빠의 쉼과 엄마의 쉼도 소중하고, 그 시간에 혼자 놀 수 있는 분위기를 만들어주는 게 미안하지 않아요.

아이가 스마트 폰을 하지 않으려면 온 가족이 스마트 폰을 하지 말아야 한다는 말은, 맞는 말이지만, 우리 가족의 현실에서는 잘 이루어지지 않아요. 그렇다면 그에 맞는 방법을 찾아야겠죠. 분명한 건 아이와 어른이 하는 일은 다르고, 쉬는 방법도 다르며, 서로 존중하고 이해할 부분을 지켜줘야 한다는 것이겠죠. 뭐든 내 가정의 상황에 맞는 지혜와 위트가 필요한 듯!

4. 그럼에도 아이가 계속 스마트 폰에 의지하려고 한다면, 잠자리에서 수많은 대화를 시도하고 협상하고, 엄마의 의지를 잘 전달하면 돼요. 윽박지르면 쉽지만, 대화와 협상으로 가면 오랜 시간이 필요해요. 그렇지만 그 긴 시간 속에서 서로의 감정을 확인해 가며 결국 모두가 원하는 평화로운 협상을 할 수 있어요.

그럴싸한 말, 엄마만의 논리를 말씀드렸습니다. 그게 통할까? 고민하지 마세요. 한번 시도해보세요. 이런 시도에 관한 흥미롭고 멋진 이야기가 있습니다. 바로 '수사학'에 대한 이야기입니다. 21세기의 화두는 무엇일까요. '소통, 대화, 설득'이 바로 21세기 키워드라고 하지요.

사실 이것은 21세기뿐만 아니라 고대 그리스 시대 '수사학'이 생겼을 때부터 중요하게 여겨온 것입니다. 수많은 연설가와 영웅들, 위인들이 진정한 리더가 되기 위해 소통과 대화와 설득하는 방법을 연마해왔다는 '수사학'. 현재를 살아가는 우리에게도 가장 중요한 키워드입니다. 그 수사학에서 꼽는 '말하기 기술' 중에 언급되는 방법이 바로, "그럴싸하게 말하라. 논리적으로 말하되 꼭 논리적일 필요도 없다. 감정을 움직이는 말을 해라. 매력적인 말이 논리적일 때보다 나을 때가 있다."

'그럴싸하게.'

이 말을 두려워하지 마세요. 엄마의 그럴싸한 말들은 아이를 즐겁게 할 수 있는 대화의 방법이 됩니다.

그 말이 설령 말이 안 되고 유치하게 들리고 논리적으로 맞지 않는 것 같아도 '우리 엄마는 위트 넘치는 사람이야'라고 생각할 수 있으니까요. 그런 즐거운 마음만으로 아이는 엄마에게 마음을 열고, 어떤 것이든 대화하려고 할 것입니다. 위트 있는 말, 그럴싸한 말, 매력적인 말을 고민해보세요.

PS. 《잠자리 독서의 기적》에서 〈수사학〉에 대한 더 구체적인 의견을 내어볼까 합니다. 제가 지향하는 '대화와 소통을 하기 위한 방법'과 그 '이유'가 가장 본질적으로 맞닿아 있기 때문이죠.

유튜브 채널 〈니나토크〉
웬만해선 동영상 보지 않기

오줌 가리기

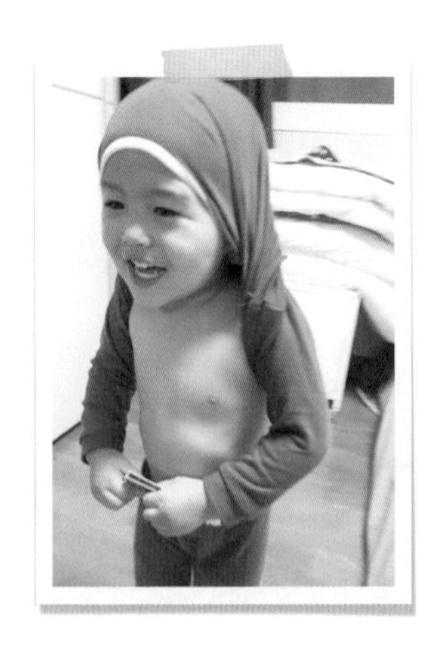

"별의별 것 안 해본 엄마, 별의별 말 다 들어본 아이,
별 수 있나요."

매일같이 이불에 지도를 그리는 아이를 보며 마음이 조급해지거나 걱정이 되거나 심신이 지치셨을지도 모릅니다. 저는 그랬습니다. '내 아이가 유난인 건지, 문제가 있는 건지, 뭔가 나 모르게 스트레스를 받고 있나. 심리적으로는 괜찮은 건가.' 많은 고민을 하며 시간을 보냈죠. 5세가 되고 내내 그랬던 것 같습니다.

많은 조언을 들었고, 관련 책도 찾아봤죠. 그래도 딱히 나아지지 않았어요. 별별 방법을 다 써보았지만, 책에 나온 방법이 정답이지도 않았습니다. 오줌 가리기를 위해 제가 해줄 수 있는 건, 아이에게 '괜찮다. 당연한 거다. 그럴 수 있다'였습니다. 매일 같이 침대 매트를 빨아야 했고 매트리스는 아이 오줌으로 범벅이 되어 속이 상하고 화가 났지만, 어쩌나요. 이 시기는 아이에게 누구나 찾아오는 것을요. 그리고 생각했죠. 아, 난 열 살까지 이불에 지도를 그린 적 있었지. 아이를 기다려주고, 용기를 주고, 내 이야기를 해주는 방법밖에 알 수 없었습니다.

그러자 아이는 서서히 좋아졌고, 창피함이나 두려움 대신, 자기 실수를 인정하고, '다음엔 하지 않을게.' 하며 쿨하게 넘겼습니다. 그런 모습이 되려, 저를 안심하게 만들었던 것 같습니다. 차라리 실수하고 엉엉 우는 것 보다, 젖었다고 칭얼대는 것보다, '엄마, 나 쉬했어. 옷 갈아입게 도와줘.'라고 아무렇지 않게 말하는 게 더 보기 좋았습니다.

'그래, 대수롭지 않게, 마음이 편하면 되는 거야. 자연스럽게 좋아지겠지.' 하며, 매일 빨던 이불을 일주일에 두 번, 한 번, 보름에 한 번, 그러다 어느 날 완벽히 가리게 되었습니다.

"엄마, 나 어쩌냐. 실수한 거 같은데?"

"어쩐지, 너 어제 물 많이 마신 거 같더라. 뭐 어때. 엄마는 10살 때까지 그랬어."

이제 6세 아이는 가끔 이렇게 당당히 말합니다. 저는 스트레스 대신 웃음이 쿡 하고 나옵니다. 별 수 있나요. 성장하면서 아이도 엄마도 함께 건너야 할 징검다리인 것을. 빠지기도 하고, 젖는 게 싫어 버둥거리는 게 어쩌면 당연할 수 있는 것을, 하지만 이 작은 다리만 건너면 또 부쩍 성장해 있을 테니, 기꺼이 함께 건너며, 발등이 젖어도, 미끄러지지 않게 두 손 꼭 잡고 이 징검다리를 건너야겠죠. 이 징검다리를 잘 건너게 되면, 아주 많이 껴안아 주세요. 잘했다! 많이 컸네! 우리 아가.

이야기를 만들게 된 모티브

4세에서 5세로 넘어가며 단우는 정말 문제가 많아 보일 정도로 거의 매일 이불에 쉬를 했습니다. 이런 상황을 처음 겪은 저는 신경질적으로 아이에게 화를 내기 시작했죠. 자기 전에 자꾸 우유를 달라는 녀석과 씨름하는 것도 정말 힘들었습니다. 우유나 물을 마신 날에는 새벽에 깨워 화장실로 데려가기도 했죠.

어떤 전문가는 중간에 아이를 깨우면 안 된다 하고, 어떤 육아 선배는 중간에 볼일을 보게 하는 방법밖에 없다 하고, 새로 빨아놓은 이불에 실수하고 침대 속이 오줌으로 망가지는 걸 보면 속이 터졌죠. 하지만 어느 순간 저의 신경질로 아이가 주눅이 들고, 어떤 날은 거실 구석으로 가서 오줌을 싸는, 안 하던 행동까지 하는 것을 보게 되고 말았습니다.

얼마나 스트레스였을까요. 또 아차 싶은 저는, 아이의 마음을 달래주고, 저의 못난 행동을 고백하기로 했습니다. 네. 늘 잘못하고 나쁜 습관이 드는 것은 아이가 아닌 엄마인 것 같습니다. 잘못하면 고백해야죠.

별별 거 다 해본 오줌싸개 누다

Story 10

"옛날 옛날에 별의별 거 다 해본
오줌싸개 누다가 살았어."

✳ ✳

단우　누다도 오줌 쌌어?

엄마　당연하지. 너랑 같은 나이면 대부분 그래.

단우　…

엄마　엄마가 단우한테 화낸 적이 좀 많았지.

단우　응.

엄마　그러게, 누다 엄마는 안 그러더라. (객관적인 상태로 내 마음을 전하는)

단우　누다 엄마는 화가 안 났어?

엄마　누다 엄마도 첨엔 자기도 모르게 화냈지. 근데 금방 후회했어.

단우　왜?

엄마　다섯 살에 이불에 지도 그리는 건 자연스러운 거거든.

단우　자연스러운 게 뭐야.

엄마　그럴 수 있다는 거야. 누구든 그렇거든.

단우　그런데 왜 화를 내?

엄마　아마, 이불을 걷어내고, 침대보를 새로 깔아야 하는 게 귀찮았던 거 같아.

단우　…

엄마　누다가 잘못한 게 아니라, 누다 엄마가 잘못한 거야. 엄마도 그랬지.

단우　나 울 거 같아.

엄마　(안아주는) 괜찮아, 들어봐 단우야.

누다는 어느 날 생각했어. 엄마가 화내는 게 자기 잘못이라고 생각한 거야. 그래서 어떤 날은 방구석으로 몰래 가서 싸기도 하고, 이불에 쉬를 하면, 구름빵 홍시 홍비처럼 장롱에 몰래 젖은 이불을 구겨넣기도 했대.

단우　맞아. 홍시 홍비도 그랬어.

엄마　내 말이. 홍시 홍비 엄마는 화내지 않았잖아.

단우　맞아.

누다는 홍시 홍비처럼 장롱에 젖은 이불을 넣으면 엄마가 혼내지 않을 거라고 생각했지. 방구석에 몰래 싸면 아무도 모를 거라고 생각하기도 하고. 왜냐면 자다가 이불에 쉬를 하고 앙앙 울었더니, 누다 엄마가 그랬거든.

"엄마가 잘 때 물 마시지 말라고 했잖아. 엄마 말 안 듣더니, 실수했네. 몇 번째야?"
누다는 당황스러웠어. 부끄럽고, 설명하기 힘든 느낌이 들었어. 자기도 그럴려고 그런 게 아니었거든. 그냥 자기도 모르게 그런 걸…, 누다는 화내는 엄마가 야속했어. 물론 밤에 자기 전에 우유 한 컵씩 먹은 게 후회되기도 했고. (아이의 입장을 대신 이야기하는)

엄마　단우도 자기 전에 꼭 우유 한 컵씩 마시지.

단우　응.

누다 엄마는 누다한테 말했어.

"자기 전에 이제 우유는 마시지 말기! 목이 마르면 물만 아주~ 조금 마시기."
"…. 네…."

누다는 엄마가 화를 내니까 우유를 그렇게 좋아하는 데도, 마시지 않겠다고 약속을 해버렸지.

엄마 다누도 자기 직전에 우유 마시지 않아 보는 건 어때? 누다가 약속한 것처럼.
단우 …

"우유 한 컵씩 마시지 않고, 물만 조금 마시면, 이불에 쉬하는 게 줄어들 거야. 그럼 방에 몰래 오줌을 누지 않아도 되고, 엄마가 찾아다니면서 닦을 일도 없겠지. 아우~ 쉬 냄새. 똥띵이가 쌌는 줄 알았네! 하지도 않을 거고. 어때?" (고양이의 이름을 반대로 이야기하는)

단우 똥띵? 헤헤. (기분이 조금 풀어지는)
엄마 우리 집엔 띵똥이 살고 누다 집엔 똥띵이가 살지~!
단우 (안심하며 웃는) 똥띵, 똥띵!

그리고 또 말씀하셨지.

"장롱에 쉬 싼 이불도 찾아내서, 괜히 똥띵이한테 뭐라고 했네. 누다는 엄마가 똥띵이한테 뭐라고 할 때 아무 말도 못했지. 기억나?"

"네. 혼날까봐요."

"엄마가 화가 난 거 인정! 미안해요. 누다 씨. 이젠 화내지 않아요. 똥띵한테도 화 안 내요.

그러니까 장롱에 넣지 말아 줄래요? 아우~ 냄새가 냄새가~ 너무 고약해요. 우웩!"

단우 히히. (낄낄대며 웃는)

누다는 엄마 말을 듣고는 맞다는 생각이 들었어. 그리고 노력해야지 생각했어. 다음 날부터 자기 직전에는 우유를 안 마실 거야. 그랬더니! 세상에 그날 밤, 드디어 성공! 쉬를 안 했지.

엄마 와우! 짱이지!

단우 성공했네?

엄마 그럼 누다 엄마가 괜히 그런 말 했겠어? 사실…. 귀 대봐.

단우 (웃으며 귀 대는)

엄마 (속삭이는) 이건 비밀이야… 아무한테도 말하면 절대 안 돼!

단우 … 응, 말해봐~!

엄마 누다 엄마는 10살까지 이불에 쉬 했거든…!

단우 헥! 10살?

엄마 쉿! 조용! 10살까지 그랬어, 진짜로!

단우 으악. 너무하다.

엄마 누다 엄마도 누다 엄마의 엄마가 가르쳐준 대로 했더니 그다음부터는 쉬를 거의 안 했거든. 자기 전에 아무것도 먹지도 마시지도 않기!

단우 누다 엄마의 엄마… 누다 할머니?

엄마 (귀에 속삭이는) 응~ 그러니까 누다 엄마보다 누다가 쫌 낫지. 크크.

단우 (귀에 속삭이는)에이, 엄마잖아~~.

엄마 맞아. 엄마야. 크크. 미안해 단우야. 엄마가 화낸 거. 이제 화 안 낼게. 대신 단우도 노력해주라.

단우 응. 그러자…. 노력하자.

엄마 우와, 단우 멋쟁이! 자자 이제~! 이쁜 아들~!

《구름빵》. 밤에 드는 걱정에 관한 이야기. 누구나 실수한다는 것, 부끄러워할 일이 아니라는 이야기책.
책 속 인물을 통해, "거봐, 얘도 그러네. 이건 자연스러운 거네. 누구나 하는 거네."라고 안심시켜줄 수 있습니다. 다양한 캐릭터를 통해 감정적으로 대입할 수 있는 방법을 시도해보세요.

우리에게도 이런 시절이 있었지요.

1. 아이에게 필요한 건 이 시기가 자연스럽게 넘어가는 것이겠죠. 소변을 가리는 것 자체가 아이에게는 상당한 스트레스일 것입니다. 젖은 이불이나 옷 때문에 기분이 좋지 않고 당황하고 부끄러운 느낌을 갖게 될 테니까요.
   그럴 때 엄마는 아이의 마음을 잘 살펴주어야 합니다. 또 엄마로서 이 기간을 감정적으로 잘 이겨내야 하겠죠. 되도록 화내지 않고, 핀잔 주지 않고, 무안하게 하는 일이 없어야 합니다. 그러기 위해, 아이에게 나의 어린 시절을 대입시켜주는 것도 아이에게 동질감을 줄 수 있는 방법 중에 하나라고 생각합니다. "누구나 그래, 엄마도 그랬고, 형아들도 그랬지, 네 친구들도 그럴 거야. 여러 방법이 있으니 함께 노력해보자"는 엄마의 진심을 전해보세요.

2. 아이와 할 수 있는 작은 실천거리를 이야기해보세요. 하나하나 함께 해 나갈 수 있는 것과 혼자서 할 수 있는 것들을 구체적으로 나눠보고 그 과정으로 인해 결과가 어땠는지 알아보는 것이죠. 자기 전에 물을 마시지 않거나, 자기 전에 꼭 쉬를 해야 하거나, 밤에 쉬를 하지 않기 위해 야뇨증 예방에 좋은 음식을 함께 이야기해보고 먹어보는 거예요. 구운 은행, 호박죽, 당근구이, 쑥된장국, 옥수수 수염물 등 아이와 함께 먹으며 작은 노력을 해보는 것도 좋을 것 같습니다.

3. 실수하지 않은 날들을 스티커로 붙여 함께 보며 아이에게 칭찬과 격려를 하는 것도 좋은 방법이죠. 대화를 통해, 아이와 모은 스티커로 뭘 할지 함께 정해보는 것도 아이를 기분좋게 하는 방법이 되겠지요.

《내 아이가 불안해 할 때》라는 책을 인용해볼게요.

잦은 실수로 인해 불안해 할 때, 불안을 해결하려면 그 상황에서 멀어져선 안 된다고 합니다. 대신 상황을 아이가 매 순간 감당할 만큼씩 쪼개주는 것입니다. 그렇게 조금씩 상황에 익숙해지는 훈련을 통해 불안을 이겨낼 수 있게 되는 것이죠. 저자 '타마르 챈스키' 박사는 말합니다.

"모든 아이들은 같은 일 때문에 걱정하곤 한다. 불안한 생각은 늘 왜곡되거나 과장되어 있다. 아이들은 이 사실을 반드시 알고 있어야 한다."

'내가 또 망쳐버리면 어떡하지?'라는 생각은 걱정에 걱정을 더해 점점 불안을 만든다는 것이죠. 이때 엄마는 아이에게, '걱정이란, 생각하는 것보다 훨씬 과장되게 느껴지는 것'이라고 알려줘야 한다고 합니다. 그리고 생각을 선택할 수 있게 도와주라는 것입니다. 구체적인 행동이나 생각으로 걱정을 떨치는 것이죠.

자신이 두려워하는 상황을 처리할 기회를 주는 것, 엄마와 구체적인 대안을 생각해보는 것이 중요합니다. "걱정이 많니?" 대신에 "우린 네가 왜 그렇게 생각하는지 알고 있단다. 그건 자동으로 드는 생각이야. 걱정이라는 작은 결함이지. 이제 걱정 작업으로 문제를 바로잡아 보자. 넌 무슨 일이 일어날 거라 생각하니, 어떻게 생각하고 싶어? 같은 상황에서 다른 사람들은 어떻게 생각할까?"라고 아이를 도와주는 것입니다. 며칠 전 다누가 또 실수를 했네요. 놀다가 오줌을 참은 거죠. 그걸 모르고 있는 제게 아이가 말했습니다.

"엄마~ 이리와 봐. 여기에 물이 있어. 여기 왜 물이 있지?"
"어? 거기 물이 있다고?"
아이는 거실 한쪽에서 놀고 있었고, 가서 보니 바지에 쉬를 한 것이었죠.
"야, 오줌 쌌네! 놀다가 참았구나?"
"히히… 어, 그런가? 난 물인 줄 알았어. 미안."
아이는 실수를 하고도 가끔 이렇게 태연한 척 딴청을 피웁니다.
"에잇, 이노무 자슥, 엄마 놀리네~ 같이 닦아야지~ 괜찮아. 엄마도 10살 때 이불에 지도 많이 그렸어. 그래도 오줌까지 참으면서 놀지는 말자~!"
아이의 넉살에 저도 웃으며 넘길 수 있었습니다.

엄마와 아이와 함께 해결책을 찾아보는 것, 아이 스스로 걱정과 불안을 이겨내게 하는 방법 역시 서로의 대화를 통해서라는 것을 잊지 마세요.

Bedtime Storytelling

Chapter 3

의미 없이 행복한 단어

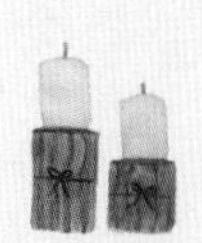

"아무렇게나 지은 웃긴 이야기를 해줄수록
우리는 아이의 경이로운 순간을 만나게 됩니다."

똥 방귀 이야기

"엄마가 코미디언 되는 날"

똥방귀로 이야기를 만드는 건 많이들 해보셨겠죠. 아무 의미도 없는 단어, 듣기에 웃긴 말은 아이들을 행복하게 하죠. 단우가 세 살 무렵, 언젠가 한 번은 밤에 칭얼대고 소리내 엉엉 울었던 적이 있었어요. 달래도 안 되고, 왜 그런지 기억도 가물거리지만, 그때 해줬던 이야기로 아이의 울음을 멈추게 했었죠. 우는 아이를 안고, "옛날, 옛날에 엉엉 우는 아이가 있었대." 라고 말하며 밑도 끝도 없이 이야기를 만들었어요.

"엉엉 울던 아이가 길을 가는데, 엉엉 할아버지가 나타난 거야. 이놈, 더 크게 울어라! 나보다 더 크게 울어봐. 으어엉엉! 어때 내 목소리가 더 크지? 잘 봐라 이놈, 내가 지진나게 울어볼테니, 으아으아으오아으 이엉 엉헝헝!"

그러면서 아이보다 더 크게 우는 척을 하다 그만 사레가 걸렸죠.

"으아헝허 헉 켁켁켁. 아이고 나 죽네. 켁케거켁 커억!"

이렇게 말도 안 되는 이야기를 하며 사레 걸린 할아버지 흉내를 냈고, 켁켁거리고 나 죽네, 땅바닥을 구르는 척을 하니, 아이가 언제 울었냐는 듯, 켁켁거리는 절 보고 깔깔대며 웃었죠. 그때 처음 '아무말 대잔치가 아이를 웃게 하는구나'. 은연중에 알게 된 것 같습니다.

그래서 아이가 기분이 좋지 않을 때나 시무룩할 때, 괜히 투정 부리듯 굴면 시작하는 게 바로, 의미 없는 단어로 의미 없는 이야기를 앞뒤전후도 없이 즉흥적으로 만드는 똥방귀 이야기였어요. 똥방귀 얘기는 여전히 지금도 맥락 없이 아무렇게 시작해서 아무렇게 끝이 나곤 합니다.

이야기의 목적은 아이를 웃게 만드는 것이죠. 저는 특히, 할아버지 소리나 성인 남자 목소리로 이야기하는 걸 좋아합니다. 과장되게 말하기에 딱이죠. 아이는 저와 가끔 싸우거나 다투는 상황에서 엄마가 굳은 표정을 지어도 무서워하지 않아요. 그 경직된 표정 다음으로, 갑자기 오잉? 엥? 이런 말로 시작하는 코미디가 시작될 것을 알고 있죠. 적절히 진지하면서 적당히 웃을 수 있는 상황을 만듭니다. 심각한 상황이나 소소한 다툼 뒤에 화해 무드로 가기에 딱 좋은 분위기 전환은 엄마가 순간 코미디언처럼 분해 아이의 마음을 풀어주는 방법이 아닐까 합니다.

그런 의미에서 똥방귀 같은 언제 들어도 웃기고 재밌는 단어들은, 논리적인 이야기 전개가 필요하지 않고, 그냥 되는대로 아무 말 대잔치로 이야기해주는 것이 가장 재밌답니다. 시작만 하세요. 이야기의 끝은 엄마도 아이도 몰라요. 아무렇게 끝내도 상관없어요. "에이, 그게 뭐야!" 깔깔대는 아이의 웃음만으로 그 목적은 달성된 것이니까요.

이야기를 만들게 된 모티브

"엄마 옛날얘기 해줘." 하는데 당장 아무 생각도 나지 않을 때는 주저 없이 "똥방귀 얘기 들어가신다!"라고 말합니다. 말도 안 되는 이야기라 오히려 한 번도 실패한 적이 없죠. 그날도 무슨 얘길 해주지? 하다가 아무 말 대잔치를 시작했지요. 아이를 이야기에 몰입하게 하고, 끼어들게 하기에 최고니까요. 똥방귀는 변함없이 부동의 1위 소재인 게 확실합니다. 아이와 가볍게 이야기하고 싶은 날, 아이와 화해하고 싶은 날은 무조건 '똥방귀'를 소환하세요. 마음을 열게 하는 웃음 유발에 정석은 없죠. 무조건 웃고 보는 거예요. 저도 이날은 그랬습니다. 해줄 얘기가 딱히 생각나지 않고, 그냥 너도 웃고 나도 웃다 잠들자 생각하던 밤에 똥방귀 삼형제를 소환했죠.

똥 삼형제와 방귀 엄마

Story 11

"옛날에 똥 삼형제가 있었어.
어찌나 똥 싸는 걸 귀찮아하는지 매일 똥 싸는 게 전쟁이었대."

* *

엄마 말끝마다 똥똥거렸지. 엄마가 밥 먹어라~ 그러면, 네 똥! 엄마가 손 씻어라, 그러면, 싫똥어똥. 뭐든 똥똥이래. 똥이 그렇게 좋나?

단우 으헤헤헤. 재밌어똥.

엄마 난 안 재밌거든똥!

하루는 똥똥거리는 똥 삼형제가 서로 똥을 싸겠다고 화장실 앞에서 싸웠대.

"나똥 먼똥저똥 들똥어똥 갈똥거똥야똥!"

"아똥니똥야똥, 내똥가똥 먼똥저똥!!"

"다똥 비똥켜똥!"

누구 똥이 젤 예쁜가 매일 싸웠지.

단우 누구 똥이 제일 이뻤어똥?

엄마 네가 맞혀봐똥.

똥 삼형제가 막 싸우니까 방귀 엄마 등장! 방귀 엄마는 똥삼형제가 말을 안 들으면 그때마다 왕방귀 똥방귀 오렌지방귀 고구마방귀 같이 지독한 냄새로 아이들을 제압했지!

"누구야! 누가 싸워! 이 녀석들아, 안 되겠네. 오늘은 왕방귀 발사다! 뿌우…우…웅. 우우우웅!"

대포 같은 굉음의 방귀소리 발사!

엄마 다누도 엄마 방귀 맛 좀 볼래. 왜 똥똥 똥 얘기만 좋아하냐~!

단우 헤헤, 내 오렌지 방귀 맛 좀 봐라!

엄마 우웩, 살려주세요. 오렌지 대방귀 왕자님!

단우 으헤헤 어떠냐!

엄마 우웩, 깨꼬닥.

단우 엄마, 죽었어?

엄마 죽은 척했지. 이 스컹크 대방귀야.

단우 똥 삼형제 똥 싸라고 해.

엄마 알았어~.

똥 삼형제는 엄마 대포 왕방귀 냄새를 맞고는 정신을 차렸지! 엄마의 대포 방귀는 마법 같았거든.

"똥방귀 삼형제 일렬로 줄 서!"

똥 삼형제가 일제히 대답했지. "네~~ 똥~~!"

첫째가 들어갔지. 두 형제가 문밖에서 기다렸지.

"첫째 형은 오늘 고기만 먹었으니 지독한 똥을 쌀 걸!"

"둘째 형도, 야채 안 먹었으니 네가 지독한 똥을 쌀 걸!"

"셋째야, 난 오렌지 먹어서 이쁜 똥 나온다!"

둘째, 셋째는 귀를 기울이고 첫째 형 응가 하는 소리를 들었지. 소리만 들어도 다 알았지. 이쁜 똥인가 미운 똥인가. 그때 소리가 났어!

"끄…응…차, 끄…응차차차…. 또…똑…똑… 으아…! 끄…응!"

첫째는 고기만 먹어서 똥이 잘 안 나왔어. 얼굴이 노랗게 변해서 나왔지.

"이쁜 똥이 아니야…."

이번엔 둘째 차례였지.

"응…아, 응…아… 똥또로로 똥또로로 똥또로똥똥 똥똥, 또로도로똥똥 똥똥!"

엄마 오, 둘째 똥은 오래도 나왔지. 토끼똥처럼 이쁘게 쌌는데, 완벽한 황금 바나나 똥은 아니었어.

단우 똥이 노래를 부르네.

엄마 응, 똥또로로로 똥똥~ 똥또로로또똥!

단우 (깔딱깔딱 숨 넘어가게 웃는) 또로도로똥똥 똥똥!

엄마 (아무렇지 않다는 듯) 재밌냐똥?

단우 네똥!

마지막은 셋째 차례야. 첫째 둘째가 문밖에서 기다리고 듣고 있는데 아무 소리가 안 나는 거야!

"뭐지? 셋째는 아무 소리도 안 들려!"
"이 녀석 똥이 안 나오는 거 아냐? 헤헤, 내가 이겼다!"

그러자 갑자기 들리는 소리! "또옹~!"

단우 뭐야! 벌써 끝났어?

엄마 응, 셋째는 힘도 안 들고, 이쁜 똥을 한 번에 또옹.

단우 야채 많이 먹어서?

엄마 응, 똥.

단우 헤헤. 나랑 똑같네똥.

첫째 둘째는 셋째가 싼 똥을 보고 모두 놀라 박수를 쳤지. 완벽한 황금 바나나똥이었어. 방귀 엄마가 삼형제에게 말했대.

"오늘은 가장 골고루 먹고, 운동도 열심히 한 셋째 똥이 이겼다. 축하해 셋째야!"

그리고는 축하의 왕방귀를 껴~주셨지!

"부우웅붕부루붕, 부… 우웅 뿡!"

칭찬 방귀에서는 지독한 냄새 대신, 엄마 냄새가 났대. 꽃향기보다 더 좋은 냄새. 오늘 이야기 끝똥.

단우 또 해줘 또해줘뚱!

엄마 그만 자자 똥.

photolog

똥방귀 얘기를 만들기 힘들 땐, 함께 읽었던 책 이야기를 생각나는 대로 말하면 됩니다. 책에 나온 이야기를 기억나는 대로 다시 만들어 이야기 하는 방법, 바로 리텔(retell)입니다. 리텔은 정말 중요한 독후 활동이며, 종이와 펜이 필요한 쓰기 활동을 넘어, 아이의 세계를 무한하게 확장시켜주는 신기한 대화 방법입니다. 우린 똥방귀 이야기로도 충분히 리텔을 할 수 있습니다.

똥방귀로 의미 없는 이야기 즉흥적으로 이어보기

1. '옛날 옛날에 똥이랑 방귀가 살았대. 똥방귀 왕방귀가 살았대. 피식방귀 뿡방귀가 살았대.' 뭐든 좋아요. 아이들이 이름만 들어도 킥킥대는 똥방귀를 등장시킵니다.

2. 똥방귀로 역시나 교육적인 메시지, 예를 들어 음식을 골고루 먹어서 예쁜 똥을 누는 이야기도 좋고, 동화책이나 자연관찰 책에서 봤던 똥에 대한 여행을 떠나는 이야기도 좋을 것 같습니다.
   "우리 누구 똥이 제일 냄새나나 여행을 떠나볼까? 어떤 식물도 똥냄새 난다? 동물식물 다 찾아볼까?"
   "우리 집에서 제일 똥 방귀를 잘 뀌는 사람은 누구? 왜 그렇게 생각했지? 다른 식구들과 어떤 점이 다르지?"
   "방귀쟁이 며느리 얘기 알지? 방귀로 나무도 통째 날려버렸지! 우리도 우리의 왕방귀 독방귀로 뭐든 다 날려버릴까? 넌 뭘 날려버릴래? 엄마는 일단, 독방귀 가스를 만들기 위해 삶은 고구마를 100개쯤 먹고 뿡뿌직뿡빵~! 쏜다! 우주까지 간다~! 넌 어떻게 준비하고 싶어?"

3. 거창할 것 없이 웃긴 의성어 퍼레이드만으로도 아이는 행복하게 하루를 마감하고 꿈나라에 갈 수 있을 거예요.

4. 정말 비밀 팁을 알려드리죠. 똥방귀로 수학을 재인하는 잠자리 이야기를 지을 수 있어요. 스터디 엄마들에게 알려드린 저의 비법이죠.
   "방귀를 잘 뀌는 유빈이 친구 비뉴가 살았대. 뿡 쉬고 뿡뿡 쉬고 뿡뿡뿡 꼈대. 패턴으로 꼈대!" "하루에 똥방귀 100번 뀌는 할머니 만나볼래? 어떻게 가면 좋을까?"
   "큐브는 큐브똥을 쌌대. 똥이 반으로 쩍 갈라졌대! 무슨 모양이 됐게?"
   똥방귀로 수학이야기를 지어서 시작해보세요. 피보나치 수열, 이진법, 짝수와 홀수, 도형, 측정 뭐든지 다 가능합니다. 이렇게 단우는 수학을 사랑하게 되었답니다.

이런 이야기를 할 때는 그 어느 때보다 엄마의 망가짐이 필요합니다. 목소리는 굵고 지글거리게, 이게 진정 우리 엄마 목소리인가 싶게요. 엄마의 개그 본능을 일깨우세요. 똥 방귀 우웩 뿡 뿡 뻥 꺼억 에취 할 수 있는 모든 의성어를 모아모아 이야기해주세요. 아이와 배틀이 붙어도 좋아요.

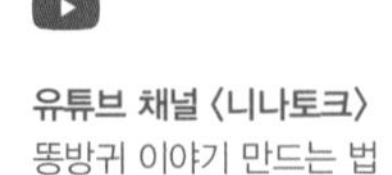

유튜브 채널 〈니나토크〉
똥방귀 이야기 만드는 법

꿈 기차 타고 최애 캐릭터 만나러 가기

"꿈 기차 타고 가는 곳에
최애 캐릭터가 기다리고 있어요."

세 살 무렵 아이는 터닝 메카드나 카봇 또봇 같은 로봇 캐릭터를 좋아했어요. 아이가 좋아하는 캐릭터와 꿈나라에 가는 이야기를 하면 아이와 즐거운 잠자리 대화를 해나갈 수 있죠. 자, 우리 꿈 기차 타고 갈 시간이야. 어디로 가볼까. 또봇 보러 갈까, 카봇 보러 갈까. 터닝 메카드 나라에 갈까. '단우가 가면 그 친구들이 엄청 좋아할 거야.'로 시작해 꿈나라에서 만나는 캐릭터 이야기를 하다 보면, 아이는 어느새 잠이 들죠.

꿈 기차를 타고 갈 때 유의할 점들을 이야기해주는 것도 좋습니다. 눈을 꼭 감아야 한다든지, 꿈 기차가 바-앙 하고 세 번 울릴 때, 늦지 않게 기차에 올라타야 한다든지 엄마는 아이가 조용히 꿈나라로 갈 수 있게 도와주는 안내자가 되어야 합니다.

일단 꿈 기차를 탔다면, 가는 역마다 아이가 좋아하는 캐릭터들이 살고 있어, 역마다 내려서 만나볼 수 있습니다. 최애 캐릭터는 아이와 만나 지구를 지키거나 함께 헤쳐 나갈 미션을 수행하기도 하죠. 내 아이가 여자아이라 공주나 예쁜 캐릭터들을 좋아한다면, 역시 비슷한 이야기를 만들어낼 수 있어요. "다음에 내릴 역은 인어공주가 사는 바닷속입니다." 하면서 인어공주를 만나러 바닷속 탐험을 하는 이야기도 좋습니다. 라푼젤을 성에서 구해주는 방법을 함께 이야기 나눠도 좋을 거 같고요.

그렇게 상상의 나라를 여행하다 보면 아마 그날 아이는 진짜 그런 꿈을 꿀지도 모르죠. 제가 잠자리 이야기를 가장 근사하다고 생각하는 이유는 바로, 잠자리 이야기를 만드는 아이와 엄마가 그들만의 독특하고 환상적인 상상을 함께 나눌 때 이루어지는 강력한 교감, 즉 의식에서 시작해 무의식의 세계로 가는 이 시간이, 점점 아이를 창조적이고 창의적인 세계로 이끈다는 것입니다.

어떤 책이나 전문가를 통해 얻게 된 사실이 아닌, 내 아이와 내가 직접 해본 놀라운 경험이었죠. 저는 주변 엄마들에게 이 시간을 꼭 가져보라고 했습니다. 그러자 엄마들은 놀라워했습니다. 내 아이가 이런 생각을 하다니, 내 아이가 바라보는 세상은 이런 것이라니. 상상이 꿈으로 연결되는, 의식이 무의식으로 가는 통로. 이 길을 아이에게 열어주세요. 매일이 아니더라도.

이런저런 잠자리 대화를 할 때, 제 아이는 히어로와 함께 만나는 이야기를 좋아하죠. 영웅 이야기를 해주면, 그간 봐왔던 책이나 영상 속의 에피소드를 기억하는 '아이의 생각'을 읽어낼 수 있습니다.

먼저 아이를 재우기 위해 꿈 기차 타는 법을 아주 작은 목소리로 이야기합니다. 그리고 이야기를 듣다 잠이 들어도 아이는 엄마와 헤어지지 않고 그 꿈속에서 엄마와 다시 만나 모험을 떠나는 겁니다. 엄마가 필요하다고 하면 엄마가 함께 가주고, 아니라면 가장 친한 친구와 기차 안에서 우연히 만나게 하는 것도 좋았습니다.

꿈 기차 탈 때 누구랑 가고 싶어? 나지막하게 물어보면 아이는 자기가 생각하는 친구 이름을 이야기하죠. 오늘은 유나랑 만날 거야. 오늘은 주원이 형이랑 만날 거야. 그럼 저는 그 친구 역할을 해주는 거예요. 꿈속 이야기를 같이 묻고 대답하며 이야기하다 보면 아이는 아이만의 세상을 엄마에게 보여줍니다.

저 역시 아이의 속에 들어간 듯 환상적인 경험을 하게 되죠. 꿈 기차를 타고 아이가 좋아하는 최애 캐릭터를 만나기 위해 아이가 가장 떠나고 싶은 친구와 가는 꿈속 여행. 사랑스럽고 신비로운 이야기를 만들어주세요. 그 몇 번의 잠자리 이야기 경험은 아이의 기억 속에 꽤 오랫동안 각인됩니다.

꿈속 여행자가 되어 봤던 아이는 현실 세계에서도 멋진 여행자가 될 거예요. 오늘 단우와 저는 구름마을로 가게 되었습니다. 뜻밖의 전개에 놀라면서 말이죠. 내 아이가 가고 싶은 정거장은 어디일까요.

부웅, 꿈 기차 타고 하늘나라 갑니다

Story 12

"잘 준비됐니?
 오늘은 꿈 기차 타고 누굴 만나러 갈까?"

✳ ✳

엄마 물속 나라 갈까?

단우 …아니, 하늘나라 갈 거야.

"물속나라행 기차, 물속나라행 첫 번째 기차가 떠납니다. 잠시 더 대기해주세요…. 부앙. 치치포포, 치치 포포, 두 번째 기차가 오고 있습니다…. 두 번째 기차는…"

단우 땅 나라 기차야.

"땅 나라 기차 땅 나라 기차입니다. 이 기차는 땅 나라 여러 곳을 다니는 기차입니다. 숲에도 가고 공원에도 가고 놀이터에도 갑니다…. 두 번째 기차에 타시겠습니까?"

단우 세 번째 기차 탈 거야. 구름 보러.

엄마 아! 구름 보러 가게? 너무 재밌겠다! 누굴 만나려고?

단우 만나면 알려주지.

엄마 우와… 단우만 잘 따라다니면 되겠네.

"두 번째 기차가 떠납니다… 부앙…. 저기 세 번째 기차가 오고 있군요. 치치포포 치치포포… 츄츄… 어머나… 세 번째 기차는 커다랗고 흰 날개가 달렸습니다. 꼭 페가수스를 닮았네요…."

단우 우와… 날개 크겠다.

엄마 응… 정말 크고 아름답네…. 보여? 눈 감고 가만히 들여다봐. 커다란 날개를 펄럭이며 오고 있어.

단우 ktx 같이 떠서?

엄마 아니 그보다 훨씬 잘 뜨지. 큰 날개를 펄럭이며 금세 오네. 어, 빨리 타지 않으면 그냥 날아가버릴지도 몰라! 눈 감고 엄마가 셋 세면, 엄마랑 기차 안으로 점프해서 들어가는 거야… 준비됐어? (단우의 손을 꼭 붙잡는)

단우 응. (감은 눈을 더 꼭 감는)

"이번 기차는 하늘나라, 하늘나라행 기차입니다. 엄청난 스피드를 자랑하는 세 번째 기차입니다. 모두들 엄마 손을 꼭 잡고 점프하세요. 하나…, 두울…, 세… 엣!"

엄마 우아! 탔다!

단우 우와, 탔다!

"하늘나라행 기차를 타신 여러분 환영합니다. 어서 좌석에 앉아 벨트를 매주세요. 이제 곧 크게 날아올라 하늘나라로 갑니다."

엄마　오오~ 정말 빨라. 그치?

단우　응…. 정말 빠르다. 구름마을로 고(go)!

"이번 역은 구름마을입니다. 구름마을에 내리실 분은 엄마 손을 잡고 점프해주시기 바랍니다…. 하나… 둘…."

단우　잠깐만… 뛰지 말고… 풍선…. 타는 거 어때. 뛰어내리면 위험할 거 같아.

엄마　아! 그러네. 풍선을 잡고 내리는 게 안전하겠다.

"내리시는 승객 여러분은 준비된 풍선을 꼭 잡아주시기 바랍니다. 풍선을 잡고 조심히 날아가시길 바랍니다…. 우아…! 드디어 구름마을에 도착했네요. 구름들이 아래에서 올려다 보는 것과 다른 모양이네요. 안개처럼 뿌옇고, 어… 저기 구름으로 만든 집들이 보입니다. 구름으로 만든 집에 다누와 엄마가 들어가고 있군요…."

단우　구름 집에는 물방울들이 모여 살아.

엄마　아, 그래? 물방울들이 뭐하고 있어?

단우　눈꽃을 만들고 있어. 아주 차가워.

"다누는 눈꽃을 만드는 물방울을 만져봤습니다. 엄마도 만져봤죠."

엄마　아… 차갑다…. 눈꽃 열심히 만들고 있네. 무거워지면 눈송이가 돼서 내리겠지?

단우　맞아. 고드름 모양도 있어… 보여?

엄마 (눈 감은 채로) 응…. 진짜 고드름 모양이 보인다….

"다누와 엄마는 구름집을 나왔습니다…. 어머나 저기 무지개가 보입니다. 무지개 다리인가요? 걸어 올라갈 수 있는 계단이 보이네요. 정말 아름다워요…."

단우 무지개는 원래 투명해. 그래서 여러 가지 색이 모여서 비치는 거야….

엄마 아… 그렇구나… 올라갈 수 있을까? 저쪽 구름마을로 연결된 거 같은데?

단우 그럼, 건널 수 있지. 가볼까.

엄마 그래그래, 가보자.

"다누와 엄마는 무지개 다리를 건넜습니다. 무지개가 너무 반짝거리네요."

단우 엄마! 나는 눈이 파래졌어!

엄마 어? 진짜? 눈이 파래?

단우 응, 파랗게 반짝거려… 너무 이쁜 눈이다.

엄마 아… 그럼 크리스탈처럼 눈부신 눈인가? 수정으로 만들어진 눈? 누구지…? 어떤 히어로도 그런 눈을 가진 거 같은데….

단우 아이스맨?

엄마 그런가? 우와, 나도 파란 눈 갖고 싶다.

단우 내가… 무지개를 계속 쳐다보니까 파란 눈이 된 거야. 엄마도 잘 봐봐.

엄마 아… 그래… 어어? 엄마는 예쁜 초록색 눈이 됐어. 우와, 진짜 이쁘다. 녹색 유리구슬 같은 눈이 됐네. 역시 단우 따라오길 정말 잘했다….

"다누랑 엄마는 무지개 다리를 건넜어요…. 그런데… 이곳은 깜깜해요. 별들만

반짝이네요."

단우 응, 그러네. 부엉이랑, 참새랑, 박쥐랑, 독수리가 있어.

엄마 우와, 새들이 보이는 구나. (하품을 만드는) 아~~암…. 졸려라….

단우 엄마, 졸려?

엄마 응, 가만히 눈 감고 있으니까 정말 졸려. 꿈속 나라를 많이 다녀서 재밌는데, 이제 좀 졸리네.

단우 그럼, 땅 나라 갈까.

엄마 아니, 기차가 다시 오길 기다리려면 시간이 오래 걸릴 거야. 다른 친구들 태우고 꿈속 나라 다니느라…. 대신 멋진… 그래! 매직 침대 타자. 기억나지? 우리 어떤 책에서 magic bed 타던 아이가 있었잖아.

단우 아, 그래… 생각나… 그러자. 우리도…. (하품 하는)

"엄마랑 단우는 까만 밤을 보더니 하품이 크게 났어요. 구름으로 만든 매직 베드를 불러봐요…. 매직 베드, 매직 베드 우리를 태워주렴. 그러자 어디선가 침대 모양의 구름이 나타났어요. 정말 폭신해요. 다누는 신이 나서 구름 침대 위에서 뽀잉뽀잉 점프를 해요."

엄마 우리 구름 침대에서 맘껏 점프할까?

단우 응…

엄마 그럼… 100번만 뛰자…. 엄마가 셀게…. 하나… 점프… 둘… 점프… 셋… 점프… 더 높게.. 더 높게 날아봐. 신난다.. 그치….

단우 …. 응… 그러네….

엄마 넷… 다섯… 여섯… (100까지 천천히 세는) 높이높이 뛰니까 우리가 갔던 모든 곳들이 보이네… 집으로 돌아가는 길에….

"다누와 엄마는 부엉이도, 박쥐도 독수리도 참새도 봤어요. 손을 흔들었어요. 안녕. 투명한 무지개도 봤어요. 안녕. 구름 집에 있는 물방울도 봤어요. 안녕… 멀리멀리 날고 있는 하늘나라행 기차가 펄럭이는 흰 날개를 봐요…. 안녕…. 그렇게 백 번을 신나게 뛴 다누랑 엄마는, 이제 정말 정말 정말 피곤해서 구름 침대에 누웠어요. 그러자… 아주아주 포근하고 따뜻한 솜구름 이불이 우리를 덮어줬어요…. 잠이 스르르 와요. 엄마랑 다누는 편안하게 숨을 쉬고… 흐뭇하게 미소를 지으며… 집으로 돌아가요…. 구름 침대는 어느새 우리 침대로 변신했어요. 정말 포근한 느낌이에요. 다누랑 엄마는 서로 사랑한다고 말해요. 작은 귓속말로 거의 들리지 않게요. 졸려서 잘 안 들리지만… 서로 잘 알고 있어요…."

엄마 단우…. 자니?

단우 거의….

엄마 응, 엄마도… 꿈속 나라 여행 끝…. 잘 자… 단우 꿈속에서 엄마 만나면… 이번에는 슈퍼맨이랑 배트맨이랑, 다누 좋아하는 친구들 만나러 우주행 기차 타자….

단우 응…. 너무 재밌겠다….

엄마 잘 자. 단우.

단우 응…. 엄마도… 잘… 자….

photolog

침대를 타고 꿈속 세상을 다니는 이야기, 물방울이 세상을 떠다니는 과학동화 이야기, 메두사의 피에서 태어난 페가수스, 그리스 로마신화 속 인물들을 좋아하는 단우.
아이는 여러 책을 보며 상상을 넓히고, 세계를 상상합니다. 책을 읽는 것에서 끝내는 것이 아니라, 잠자리에서 함께 읽은 책의 장면들을 떠올리며 새로운 이야기 지어보기를 추천해요.
원래 있는 이야기를 재구성하고, 때론 말도 안 되는 상상을 하도록 돕는 것이
제가 가장 원하는 '창의적인 우리'가 되는 방법이었습니다.

꿈속 기차를 타고 꿈의 나라로 가요.

1. 꿈속 기차는 여러 정거장을 가요. 아이에게 가고 싶은 역을 물어봐요. 혹은 아이와 함께 놀았던 장난감이나 함께 알고 있는 최애 캐릭터가 사는 곳을 역으로 정해요.

2. 그곳으로 갔다면, 아이와 하나하나 주변을 돌아봐요. 어떤 곳인지, 누가 사는지, 누굴 만났는지, 어디로 가고 싶은지, 처음에는 멀리 넓게, 그러면서 좀 더 작고 아담한 곳으로 가요. 넓게 풍경을 함께 상상하고 이야기 나누고, 아이가 만나고 싶은 캐릭터를 만나러 작은 공간으로 가요. 그곳을 함께 묘사해요.

3. 캐릭터들과 대화를 나눠보기도 하고, 캐릭터가 내 아이와 하고 싶은 게 뭔지 물어봐요. 함께 할 수 있는 미션이나 스토리를 만들어봐요. 함께 어딘가 멋진 곳을 찾아간다거나, 위험한 상황으로부터 지구를 지킨다거나, 누군가를 도우러 가거나, 조금씩 리드하며 많은 상황은 아이에게 맡겨요.

4. 눈을 뜨면, 다시 눈을 감아야 한다고 말해요. 꿈속 기차도, 꿈속 나라도 모든 것은 눈을 뜰 때 연기처럼 사라질 수 있어요. 눈을 감아야 보이는 세계에요.

5. 꿈속 이야기가 마무리되면, 다음 날 아이에게 너와의 꿈속 모험이 너무 즐거웠다고 다시 알려줘요. 아이는 그 기억을 아주 오랫동안 간직해요.

엄마는 아이가 뭔가 상상할 수 있도록 기다려줘요.

아이가 힘들어하면 조금씩 이야기를 리드해줘요.

그러다 아이가 뭔가 이야기를 하면, 놀라워하며 아이의 상상을 칭찬해줘요.

아이가 리드하는 이야기의 흐름을 따라, 엄마는 아이가 주도하는 꿈의 세계를 구경하듯 말해요.

아이가 단어를 던지면, 엄마는 문장으로 만들어서 풍부하게 만들어줘요.

처음에는 힘들겠지만, 아이와 읽었거나 봤던 것들을 하나씩 같이 기억해 가면서 이야기를 만들어요.

점점 아이가 주도하는 꿈 얘기를 들으면서 모먼트(moment)를 줘요. 이야기 중간 중간 쉬는 거예요.

잠에 들기 위한 것이니, 조금씩만 이야기를 이어가요. 천천히 말해요.

말하면서 아이의 리듬을 살펴요. 눈을 감고 있는지 가끔씩 살펴봐요.

중간 중간 하품을 만들어요.

유튜브 채널 〈니나토크〉
꿈 기차 타고 최애 캐릭터 만나러 가기

최애 캐릭터, 오늘 밤 주인공은 나야 나!

"최애 캐릭터로 변신! 재밌으면 되지!"

아직 아이가 꿈 기차를 탈 상태가 아니라면 더 재밌는 이야기도 좋습니다. 웃기고 재밌는 이야기를 하더라도, 아이가 집 안을 돌아다니고 장난감을 꼼지락거리는 대신 침대에 누워 있을 수 있습니다. 은은한 조명 아래에서 하는 이야기는 재밌고 웃겨도, 자기 위한 전초전이라는 것을 아이가 알고 있기 때문이에요.

이 이야기가 끝나면 조금 뒤 자야 한다는 것도 알지요. 잘 상태가 전혀 아니라도 아이의 상태를 보면서 말하는 속도를 늦추고 목소리를 낮추면 점점 잘 수 있는 분위기가 만들어진답니다.

"놀고 싶으면 이불 위에서 노는 거야. 침대에서 노는 거다. 엄마가 보장하지. 밤에 뜀박질하지 않아도 진짜 멋진 세계를 구경시켜주지. 준비됐으면 이불 위로 뛰어와. 이불 위가 오늘 밤 우리의 무대다!"

이야기를 만들게 된 모티브

자기 직전 아이와 집에서 영화 한 편을 봤죠. 〈인크레더블〉을 함께 봤는데 아이는 금세 대쉬라는 캐릭터에게 빠져버렸어요. 웃기기도 하고, 엄청나게 잘 달리는 캐릭터라 마음에 들었던 모양이었죠. 그래서 그날 밤은 함께 본 영화 이야기도 해볼 겸, 다누 히어로가 대쉬가 되는 이야기를 만들기로 했어요.

얼마나 기뻤을까요. 방금 본 대쉬처럼 나도 최강 스피드 발을 가졌다니. 영화의 분위기만큼 스펙터클하고 흥미진진하게 이야기를 만들어주기로 했죠. 아이와 영화를 보는 데서, 책을 보는 데서 그쳤다면, 아이가 직접 그 주인공이 되는 이야기, 혹은 주인공과 환상의 콤비가 되는 이야기를 나눠보세요. 어제 저와 단우는 집에서 조금 떨어진 정릉을 다녀왔어요. 아파트 단지를 지나, 숲길을 지나, 처음 보는 동네의 골목골목을 지나, 작은 굴다리를 지나 그곳에 도착했죠. 아이는 길을 걸어가며 엄마에게 말했습니다.

"엄마, 여긴 내가 처음 발견한 곳이야! 이 길로 가자. 모험의 세계야. 난 모험가야!

I am an explorer! this is the new way to get to the new land! 난 책 속에 있는 것 같아! 우리나라 여기서 저기로 다 다닐 거고 세계를 다 알아갈 거야! 이렇게 걷고 뛰면서!"

아이는 이렇게 이야기하더군요. 아이가 이렇게 책이나 영화 속 인물처럼 말한다니 우습기도 하고 재밌기도 하죠. 아마, 아이와 함께 잠자리에서 나누는 대화들 때문이지 않을까 합니다. 아이는 현실 세계를 책 속이나 이야기 세계처럼 신비로워합니다. 최애 캐릭터를 대입해서 아이와 자주 탐험을 떠나보세요. 쉽고 재밌는 여정이 될 거예요. 그리고 그 기억들은 아이의 현실 세계에서도 꿈이나 미션을 던져줍니다. 멋진 경험이 되리라 생각합니다.

와이파이 행성으로 간 다누 히어로

Story 13

"옛날 옛적 지구에는 다누 히어로가 살았지.
엄청난 에너지를 가진 우주최강 발을 가진 다누 히어로였어!"

* *

단우 엄마, 난 대쉬(Dash)가 제일 웃겼어~! 최강 스피드! 바다 위도 막 달려.

엄마 옛날 얘기 해줄까. 나도 잘 아는 히어로가 있는데!

단우 응! 응! 빨리 해줘!

옛날옛날 우리 지구에는 다누 히어로가 살고 있었지. 다누 히어로는 최강 발을 가진 히어로였어. 바로 밸리버튼(배꼽)을 두 번 누르면!

단우 끼악. 엄마 간지러워!

엄마 참아! 이 버튼을 눌러야만 다누 히어로의 엄청난 능력을 이야기해줄 수 있다고!

단우 그럼… 눌러어~~~ 난, 준비됐어!

삐익-삐익-! 띠용! 다누 히어로의 슈퍼 파워 발이 나왔어. 발에 바퀴가 달렸지. 부스터 휠 풋이야!

단우 우왓! 대단한대!

엄마 당연하지! 이런 발은 어디에도 없어.

부스터 휠 풋! 슈퍼 에너지 파워 발로 다누는 어디든 갈 수 있었어. 저 멀리 우주 행성에도 언제든 갈 수 있었어. 그러던 어느 날 다누의 슈퍼 파워가 욕심 난, 다가져맨이 다누의 배꼽을 가져가는 사건이 생겼지. 세상에 다누가 자는 동안 배꼽 버튼을 가져간 거야. 다가져맨은 나쁜 악당이었지. 슈퍼 히어로들의 능력을 모조리 도둑질하는 나쁜 녀석이었어.

단우 왜! 왜! 안 돼! 다가져맨 싫어.

뿐만 아니라 다가져맨은 다누를 왜왔니 행성에 가둬버렸어. 다누가 눈을 떴을 때 다누는 이미 왜왔니 행성에 있었지. 혼자. 밸리버튼을 눌러 다시 지구로 돌아가려했지만, 밸리버튼이 없다는 걸 알고 무척 난감했지. 어떻게 왜왔니 행성에서 지구로 돌아올 수 있을까? (아이에게 선택하게 하는)

단우 음…. 풍선?

엄마 그렇지! 바로 풍선을 이용하면 되는 거였어. 다누는 풍선을 찾아다녔어.

단우 풍선 저기 있다!

엄마 어디!

단우 나무 위에 걸려 있어.

엄마 그렇군. 저기 있었어. 이거 완전 행운인데!

다누는 풍선을 꽉 붙잡고 초강력 입김을 후후 불며 지구로 가기로 했지. 그건 엄청난 에너지를 발산해야 가능한 일이었지만, 우리의 히어로 다누는 아주 용감했지. 절대 포기하지 않았어. 한참을 풍선을 타고 날아가는데, 이를 어째! 왜왔니 행성 주변을 날아가던 까마귀 아주머니가 다누를 발견했지. 까마귀 아주머니는 풍선이 알사탕인 줄 알고 콕! 터뜨리고 말았어. (아이와 읽은 책에서 '풍선'에 대한 재밌는 소재를 기억하는)

"으~~~~~~악! 떨어진다! 까마귀 아주머니, 이건 왕사탕이 아니라 지구로 돌아갈 풍선이라고요!"

다누는 있는 힘을 다해 까마귀 아주머니에게 소리쳤어. 그러자 까마귀 아주머니는 깜짝 놀라, 다누를 등에 태웠지.

단우 우와! 까마귀 아주머니가 다누를 다시 살렸다! 만세!

까마귀 아주머니의 친절한 비행으로 다누는 드디어 지구까지 올 수 있었어. 그리고는 밸리버튼을 찾으러 가야 했어. 그러려면 어서 다가져맨을 찾아야 했지. 다누가 한참을 걸어서 다가져맨이 산다는 집을 찾아 가는데, 이거 정말 힘이 많이 들었지. 하지만 역시 포기하지 않았어. 엄마 말이 생각났지.

"다누야, 너는 시간여행자야! 너만이 너의 시간을 컨트롤할 수 있다. 자기의 시간을 컨트롤할 수 있는 능력만 있다면 어려운 상황 속에서도 용기를 잃지 않지."

단우 난, 시간을 잘 컨트롤할 수 있지. 겁내지 않지!

엄마 맞아! 다누는 그런 남자야. 슈퍼 히어로니까!

다누 히어로는 힘든 걸 알면서도 절대 포기하지 않았어. 초강력 슈퍼 스피드 발은 없었지만, 다가져맨이 절대 가져갈 수 없는 능력, 포기하지 않는 슈퍼 파워! 그것이 바로 다누의 진정한 필살기였거든. 다누 히어로는 속으로 엄마를 외쳤지.

'엄마! 엄마! 난 끝까지 포기하지 않을 거야. 엄마, 내가 다가져맨을 찾을 수 있게 도와줘!'

그러자 누군가 다누 앞에 나타났어. 너무 많이 걸어서 통통 부은 발을 씻겨줄 물과 마실 수 있는 물을 가져온 또 다른 슈퍼 히어로였지.

단우 그게 누군데!?

엄마 그건 바로바로바로! 맞춰봐. (아이가 이야기를 지을 수 있도록)

단우 힌트!

엄마 다누가 이 슈퍼 히어로를 본 순간!

'어? 나랑 닮았네? 거울 히어로인가? 그림자 히어로? 아니면…? 우리 엄마!?'
바로, 다누 엄마였어! 다누 엄마도 슈퍼 히어로였던 거야.

단우 어? 대쉬 엄마처럼? 헬렌 파! 같이? (함께 본 이야기를 기억하는)

엄마 맞아, 대쉬 엄마처럼 고무줄 파워를 가지진 않았지만, 다누 엄마도 초능력이 있었지. 그건 바로!

단우 알아! 엄마는 내 마음을 다 읽지. 내가 무슨 생각하는지 다 알잖아. 그치? 엄마는 보이지 않는 눈이 있지. invisible eye! (평소에 나눈 이야기를 통해 제3의 눈이 있다고 믿는)

엄마 어떻게 알았지. (아이 의식의 흐름대로 이야기를 이어가는)

다누 엄마는, 다누의 마음을 읽을 수 있는 초강력 슈퍼 마인드 파워를 가졌지. 그래서 다누 앞에 나타난 거야. 다누는 퉁퉁 부은 발을 시원한 물에 씻고, 엄청 시원한 물을 벌컥벌컥 마실 수 있었지. 엄마 최고! 그러자 다누 엄마는 마지막으로 다누에게 엄청난 것을 주었어.

단우 뭔데?

그건 바로, 전원 파워 버튼! 밸리버튼을 대체할 수 있는 초능력 버튼이었지. 이 버튼을 누르면, 다누의 에너지가 상승했어. 5%… 10%… 45%… 69%… 92%…. 드디어 100% 완전 충전된 거야. 다누는 완전 충전된 에너지를 가지게 되었어. 그러자 재빨리 엄마에게 인사를 하고, 전속력으로 뛰었지. 다가져맨 기다려라. 다누 히어로가 간다. 내 밸리버튼을 내놓아라. 그렇게 다누 히어로는 드디어 다가져맨을 만나게 되었어. 다가져맨은 다누를 보며 웃었지.

"헤헤헤, 네가 잃어버린 걸 왜 나한테 찾는 거냐. 우헤헤헤. 절대 못줘!"
"다가져맨! 그건 내 소중한 밸리버튼이다. 남의 것을 함부러 빼앗다니, 혼쭐 나볼래."

다누는 전원 파워 버튼을 한 번 더 힘껏 누르며, 이렇게 말했지.

"다누 용기버튼! 용기야, 나와!" ('용기야 나와'라는 생활동화에서 인용하는)
"다누 초강력 독심술 버튼! 다가져맨의 마음속으로 들어가서 다누에게 밸리버튼을 다시 돌려주겠다고 하기!"
"다누 착한사람 버튼! 다가져맨아, 착한 마음씨, 마음에 착해지는 마법의 씨를 심게 해!"

다누는 엄마가 준 전원 파워 버튼을 눌러, 다가져맨에게 레이저를 발사시켰지. 무지개색 레이져빔이 다가져맨을 휘감았어. 마치 토네이도처럼.

단우 아싸! 초강력 엔진 파워다! 토네이도 엔진 파워!

"으~~~억…. 미안해 다누야, 네 밸리버튼 돌려줄게. 잘못했어. 착하게 살게."

드디어 다가져맨은 다누에게 사과를 하고, 밸리버튼을 돌려주었어. 다누는 밸리버튼을 돌려받고는, 다가져맨에게 말했지.

"널, 용서한다. 아무리 나쁜 짓을 저질렀어도, 착한 마음으로 산다면 용서해준다. 네 마음 속에 착한 열매가 자라는 씨앗을 심어주었다. 그 씨앗이 잘 자랄 수 있게 매일 물을 준다면, 널 용서해주겠어. 이 세상에 나쁜 사람만 있는 건 아니니까."

다누는 슈퍼 파워 초능력만큼 슈퍼 뷰티풀 마음도 가지고 있었던 거야. 대쉬처럼 빠른 발보다 더 멋진 초능력을 가졌단다. 다누는 밸리버튼을 제자리에 위치시키고는, 엄마에게 슈퍼 스피드로 날아갔지. 정말 엄청난 모험이었어.
끝~!

단우 엄마, 그럼 나도 인크레더블 히어로 같은 거지?

엄마 당연하지, 몰랐어? 봐봐, 여기 진짜 밸리버튼 있잖아!

단우 또 배꼽 누르려고?

엄마 응.

단우 에이, 하지 마~~~ 엄마 밸리버튼 누른다.

엄마 안 돼~~~ 자야 할 시간인데 밸리버튼 누르면, 엄마도 저 멀리 행성까지 날아간다고.

단우 에이, 아쉽네!

엄마 그럼, 서로 심장버튼을 누르자.

단우 그래!

엄마 심장버튼 동시에 누르고, 꿈나라 행성으로 출발이다. 하나 둘 셋. 어… 잠깐만 밤이라 그런가 심장이 아주 조용히 뛰네… 우리 들어볼래?

단우 (엄마의 심장에 귀를 대는) 음…. 들리네. (손으로 엄마 배를 두드리며 심장 소리에 리듬을 맞추는) 투둥, 투둥, 투둥… 이렇게 뛰어.

엄마 어디 단우 심장 소리도 들어볼까… 단우는. 콩당콩당 뛰네….

단우 응?

엄마 꿈나라 행성 갈까.

단우 응.

엄마 그럼, 엄마 심장 소리 들으면서 눈 감고 가만히 있어봐.

단우 응.

엄마 심장 소리가 꿈기차 오는 소리처럼 들릴 때까지… 아무말 안 하고 조용히 듣기….

단우 응….

엄마 … 잘 자.

《악어 아저씨는 대단해》라는 책에서는 까마귀 아주머니를 기억하고, 《따그닥 딱딱씨네 집을 털어라》에서는 다털어맨이란 재밌는 이름의 캐릭터를 기억해냅니다. 우리는 우리만의 이야기에서 책에서 얻은 즐거운 장면이나 이름을 대입해 새로운 이야기를 만들어 이야기하곤 합니다.

 함께 본 책의 캐릭터가 하던 대로 아이를 대입시켜요.

1. 이야기를 짓는 가장 쉬운 방법은 함께 본 이야기 그대로 아이 이름만 바꿔 해보는 거예요. 주인공이 했던 그대로 대입해보면서 중간중간 아이의 아이디어를 보탭니다.

   어딜 가고 싶은지, 뭘 하고 싶은지, 어떤 능력을 가졌는지, 어떤 일을 해보고 싶은지 아이디어를 같이 만들어가는 것이죠. 이를 통해 이야기 속 아이의 기분이 어떤지도 살펴볼 수 있지요. 기분에 따라, 더 신나는 곳으로 갈 수도 있고, 무서운 곳은 피해 갈 수도 있고, 더 도전해보고 싶은 미션도 생깁니다.

   그러면서 주인공이 된 내 아이는 실제 하는 장소나 사람을 만나볼 수도 있고, 저 멀리 우주나 바닷속, 미지의 세계를 가볼 수도 있지요. 책 속의 세상을 갈 수도 있고, 영화 속 이야기로 들어갈 수도 있습니다. 이때 엄마가 경험한 장소나 아이와 함께 갔던 추억의 장소를 소환할 수도 있습니다. 이야기는 한없이 무한대로 뻗어 나갑니다.

"슈퍼맨이 그때, 누구랑 만났지? 미션이 뭐였지?
아, 그래, 그래서 우릴 불렀구나." 등

보고 읽었던 그대로를 대입하면서 만들면 쉽게 이야기를 펼칠 수 있어요. 처음에는 엄마가 많이 리드하는 이야기지만, 곧 아이가 이야기를 만들어갈 수 있도록 많은 질문거리들을 던져봅니다. 아이가 막막해 한다면 선택할 수 있는 몇 가지 것들을 제안해줍니다.

우주로 갈까? 바다로 갈까? 하늘로 갈까? 숲으로 갈까? 얼음의 성으로 갈까?
잠자는 숲속의 미녀가 사는 곳으로 갈까?
슈퍼맨이 사는 메트로폴리스? 배트맨이 사는 고담시티?
레고시티? 너랑 여행갔던 곳은 어때? 엄마랑 책에서 봤던 에펠탑? 63빌딩?

어디든 갈 수 있습니다.

뭘 할까, 어려운 사람을 구할까? 캣우먼을 만나러 갈까? 왕자님을 찾으러 갈까?

쉬운 제시들을 해주면서 아이가 선택하게 하면 어느 샌가 아이는 스스로 멋진 탐험을 하는 이야기꾼이 되어 있음을 느끼실 거예요.

Bedtime Storytelling

Chapter 4

외출

"집 앞 작은 전봇대 위에 누군가 만든 새집,
모양만큼이나 수많은 색깔을 가진 구름,
골목골목 걸으며 우리만의 눈으로 작은 발견을 해보는 시간,
새로운 여행지에서 소중한 인연을 만드는 것,
모험과 발견을 날마다 해나가는 것,
매일, 우리는 아이에게 새로운 세계를 느끼게 해줄 수 있어요.
그 세계는 바로 지금, 여기, 나와 아이를 둘러싸고 있으니까요."

특별한 외출

"멋진 곳 아름다운 곳을 다녀오고 나면
거기서 끝이 아닌, 거기서 시작이에요."

어떤 곳을 여행했나요. 아이와 함께 한 여행의 기억들을 되돌아보는 잠자리를 가져보세요. 천 마리의 양을 세거나, 무한의 별을 세는 것보다 더 행복한 잠자리 시간이 될 거예요. 여행 갔던 곳들을 함께 기억하며 추억하는 시간을 통해, 그 시간이 얼마나 행복했는지, 그 순간들이 얼마나 소중했는지 느낄 수 있어요.

어떤 여행은 잘 기억나지 않는 것도 있고, 어떤 여행은 생생히 기억되는 것들도 있죠. 내가 기억하는 여행과 아이가 기억하는 여행은 많이 다를 수도, 또 비슷할 수도 있습니다. 내기하듯 서로의 기억을 찾아가다 보면, 그때 느꼈던 감정이 지금 우리에게 어떤 영향을 주게 되었는지도 알 수 있습니다. 별을 세듯 천천히, 깊게, 잠에 들 때까지 추억을 셈해보는 것입니다. 더하고 덜어내고 나열해 보면서, 마치 별자리를 만들 듯 의미 있는 여행 이야기를 해보세요.

그리고 아이와 다음 여행에 관한 이야기도 해보세요. 우리는 모두 여행자입니다. 삶의 여행자, 시간의 여행자, 관계 속에 의미를 만들어가는 여행자. 기억과 추억을 쌓아가는 여행자. 나와 다른 세상을 알기 위해, 새로운 세계를 떠나기 위해 준비하고 노력하는 여행자 말입니다. 여행의 시작은 여행의 끝에서 늘 다시 시작됩니다.

이야기를 만들게 된 모티브

잠자리에 뒤척이는 아이와 별을 세거나 책을 읽는 대신, 우리의 추억을 더듬는 게임을 해보았습니다. 최근에 간 여행이나 오래전 다녀온 여행. 특히나 저는 아이와 단둘이 여행할 때가 많았죠. 큰 아이들은 이미 자신들의 세계를 탐색하는 중이었고, 바쁜 남편과 함께 여행을 가는 일도 쉽지는 않았습니다.

단우가 세 살이 되었을 때부터 둘만의 여행을 해온 저는, 가끔 이 아이가 이 여행을 기억할까라는 생각을 했습니다. 그리고 이렇게 여행에 대한 추억을 내기하면서 우리의 시간을 더듬어보고 아이의 기억을 환기시키고 싶었죠. 아이와 나누는 여행에 관한 이야기는 참 좋았습니다. 그 아이와 내가 공유할 수 있는 이미지들, 감정들, 시간들이 참 소중하게 느껴졌지요. 그리고 다음 여행도 기대되었습니다.

이제는 구체적인 계획을 가진 여행이나 계획 없이 떠나는 여행 모두 설렙니다. 셋째가 큰 형들만큼 자라, 자기 세계를 탐색하고, 자신만의 여행을 즐길 때까지, 이 아이와 '함께 추억되는' 여행을 많이 다니고 싶네요. 아이는 생각보다 훨씬 더 빨리 성장하고, 엄마의 품을 떠나 자신만의 세계를 여행하니, 하루하루가 아쉽기만 합니다.

기억하기 게임 할까, 추억하기 게임 할까

Story 14

"우리 오늘은 기억하기 게임 할까?
아님 추억하기 게임?"

* *

엄마 우리 그동안 참 많은 여행을 했지. 누가 더 많이 기억하나 말해보기. 먼저 생각나는 대로 다 말해보기. 엄마 먼저! (생각하는) 엄마는 다누가 네 살 때 오바마쵸라는 곳에 갔을 때. 우리 둘이 처음으로 간 여행이었어. 기억나지?

단우 기억나.

엄마 아, 그래! 상대방도 같이 기억나는 거 말하면 1점!

단우 응, 엄마 1점이다. 내 차례. 고꼬 누나!

엄마 (웃음 나오는) 에이 그건 오바마쵸가 아니라, 할머니랑 할아버지랑 오키니와 갔을 때지.

단우 엄마도 기억하니까 나도 1점이다!

엄마 바다에서 파도 탈 때 고꼬 누나가 다누한테, 엄청 친절하게 해줬지. 목소리도 이쁘고 얼굴도 이쁘고 마음씨도 이쁘고 정말 멋진 누나였어. 다누하고 말이 통하지 않았는데, 다누랑 놀아줬잖아. 그때 전화번호라도 물어볼 걸. 그럼 안부 전화할 수 있을 텐데. 엄마가 그때는 처음 본 친구라 쑥스러워서 묻지를 못했네.

단우 또 보겠지.

엄마 그래, 언젠간. 엄마 1점! 고꼬 누나 엄마도 기억나니까!

단우 내 차례다. 트램!

엄마 그래, 다누랑 엄마랑 둘이서 트램을 탔었지. 정말 신기했어. 그날 비가 좀 내렸는데, 어떤 육교를 건너서 호텔로 들어갔지. 기억나?

단우 당연히 기억나지. 트램 타고 비도 좀 맞았고. 엄마가 아이스크림 사줬지.

엄마 그래! 그랬지, 기억난다! 우리 둘이 진짜 재밌었네!

단우 내 차례. 제주도. 1점!

엄마 맞아, 제주도 기억난다. 내 차례~! 제주도에서 엄마는 글을 썼지. 다누는 엄마 옆에서 혼자 잘 놀아주고. 엄마가 한참 바빴는데도 다누가 잘 지내줬지. 둘이 간 제주도는 정말 좋았지.

단우 그랬어?

엄마 단우 땡! 기억 안 나? 너 세 살 때. 둘만 제주도 갔잖아.

단우 에이, 난 아빠랑 같이 간 거 기억나거든! 아빠랑도 갔었지. 셋이서. 제주도에서 사슴 봤지. 다섯 살 때!

엄마 아, 맞아! 제주도에서 사슴한테 먹이 줬지. 엄마는 무서워서 못 줬는데. 아빠랑 다누는 사슴한테 먹이 줬어.

단우 나 1점이다!

엄마 우리 둘 다 기억을 엄청 잘하네. 누가 이겼어?

단우 어! 점수 계산을 안 했네.

엄마 단우야.

단우 응?

엄마 눈 감고 생각하자. 이제. 조금 졸려지기 시작했어.

단우 나도. 대신 먼저 자면 지는 거다.

엄마 아니, 먼저 자면 이기는 거 하자. 어차피 자야 하니까. 좋은 생각, 행복한 생각을 하면서 자는 거 정말 좋다. 그치?

단우 응. 엄마 눈 감았어?

엄마 응…. 눈 감았지….

단우 나도….

엄마 기억도 추억도 다 좋다. 단우랑 이야기할 수 있는 게 많아서 참 좋다.

단우 발리에서 내가 다이빙도 했지.

엄마 맞아, 우리 둘이 발리에서 많은 걸 해냈지.

단우 내가 다이빙에 성공했다니.

엄마 그랬다니.

단우 나 짱 멋졌지.

엄마 얼마나 멋졌는지… 아침마다 떨어져 있는 프란지파니 꽃잎을 주웠지. 정말 싱싱했어.

단우 맞아. 내가 친구들한테 선물했지.

엄마 그래서 단우한테 새 친구들이 많이 생겼지. 발리에서 친구를 사귀면 꽃을 선물하자고 너랑 나랑 계획했었지. 성공이었어.

단우 맞아. 용감했어.

엄마 응. 자랑스럽다. 멋져. 세상을 모험하는 거. (하품하는) 엄마는 네가 참 좋아.

단우 나도 엄마가 참 좋은데.

엄마 엄마랑 더 여행 다니고 싶어?

단우 그럼.

엄마 엄마도, 다누랑 더 많이 여행 다니고 싶어. 여행 다녀와서 이렇게 이야기하는 시간이 정말 행복한 거구나.

단우 응…. 진짜 졸리네….

엄마 우리, 이제 꼭 껴안고, 꿈속에서 더 내기하자.

단우 그러자.

photolog

아이와 발리 한 달 살기를 했던 때

함께 한 여행에서 우리는 그곳 친구들을 사귀고 만나는 것을 두려워하지 않았고, 그곳의 꽃과 나무를 이야기했으며, 친구들에게 손수 편지를 써주었고, 그들의 전통 옷을 입었으며, 경찰 아저씨와 농담을 나누기도 하고, 드라이버 형아와 손을 잡고 다니기도 했고, 이발사 아저씨와 대화를 나눴고, 그림을 그렸고, 종이접기를 했고, 그곳의 전래동화를 찾아 읽었습니다. 이 좋은 시간이 아이를 변화시켰죠. 어느 곳에서도 친구를 사귈 용기, 누구와도 이야기할 용기, 새로운 것을 찾는 즐거움 등은 셀 수 없을 만큼 값진 경험이었습니다. 우리는 잠자리에서 가끔 이때의 시간을 추억합니다. 깊게 그리고 차분히, 평화롭게.

함께 갔던 여행의 순간들을 기억해보세요.

1. 떠오르는 이미지, 장소, 시간 무엇이든 좋아요. 잠자리에서 여행에 대한 추억을 기억하기 놀이로 해보세요. 아이와 나눌 수 있는 추억이 있어 행복한 밤이 될 거예요.
2. 서로의 기억을 지지하고, 행복해하면서 잠들어요.
3. 꿈에서도 그 기억을 따라 여행하자고 속삭여주세요.

대화 Tip

규칙을 정해보는 것도 재밌죠. 탈 것만 기억하기. 먹은 것만 기억하기. 입었던 옷 기억하기. 만났던 사람들 기억하기.
이구동성 게임도 재밌죠. 세 글자, 다섯 글자로 표현하기도 재밌겠죠. 제주도, 멋진 산, 파도타기 함.
스무고개도 좋죠. 여긴 더웠어. 낮이었어. 눈이 왔어. 동물이 나와. 불빛이 엄청 많았어. 상대가 맞춰보며 서로 기억을 공유해보는 것도 행복하고 즐거울 것 같습니다.

유튜브 채널 〈니나토크〉
외출. 집을 떠나 다녀온 긴 여행으로 이야기하기

보통의 날

"지나치는 모든 것을 지나치지 않으면
즐거운 대화가 시작돼요."

특히나 함께 걷거나 대중교통을 이용하는 날이면 이야기깃거리가 풍성한 하루를 보내게 된다는 걸 알게 되었습니다. 집 앞 산책을 할 때도 아이는 말합니다.

"나는 탐험가야! 세상을 다 알고 싶어! 내가 이 길을 발견했어!"

골목골목을 걸어 정릉으로 가는 길에도 수다 꽃이 한창 핍니다. 교수단지라고 불리는 작은 동네에는 집집마다 그 집의 이름이 걸려 있습니다. 전봇대에 달아놓은 새집도 신기하고, 이쁜 돌멩이를 얹어놓은 담벼락도 앙증맞고, 페인트로 이쁜 글씨를 새겨놓은 이정표도 보기에 행복합니다.

교회에 가는 대학로 길에는 벚꽃 나무가 피어 있고, 공연 알림 포스터도 많이 붙어 있습니다. 정동극장이 있는 정동길을 지나가다 보면 520살이나 된 나무가 보도블록 한복판에 심어져 있고, 높은 건물들은 이 나무를 피해 요리조리 지어져 있습니다.

세상은 이토록 신기하고, 재밌는 것들로 가득 차 있습니다. 우리는 쉴 새 없이 대화합니다. 신기하다, 멋지다, 아름답다라는 말을 참 많이 합니다. 세상에 이럴 수가! 감탄합니다. 매일 걷는 길이나 자주 가는 길도 새로운 것투성입니다. 계절이 다르고, 나와 내 아이의 나이가 달라지고, 그 길에 있는 사람들이 늘 다르며, 걷는 그 시간이 다 다릅니다.

그래서 새로울 수밖에 없죠. 우리는 멀리 여행을 가거나, 박물관, 미술관, 놀이공원, 동물원, 수영장 같은 곳을 자주 가지 않지만, 그래도 좋습니다. 멀리, 더 멀리, 많이, 더 많은 것을 체험하게 하기에 앞서, 소소한 산책길에서 소소한 일상에서 꿈같은 이야기를 합니다. 천천히 느리게. 그리고 깊게.

이야기를 만들게 된 모티브

교회 예배를 마치고 분식집에 들렀습니다. 점심을 먹으러 간 작은 분식집에 포스터가 붙어 있었죠. '택시 안에서'라는 제목과 택시 한 대가 그

려진 포스터였습니다. 5살 다누는 '택시 안에서'라는 글씨를 읽어보더니 (한참 밖에 나오면 이것저것 읽어보려는 시기였죠.) 제목의 뜻을 물어봤죠. 아이와 떡볶이, 김밥, 우동을 기다리며 이야기를 나눴습니다.

재밌는 건, 이 이야기를 몇몇 테이블에서 듣고 있었다는 겁니다. 그리 큰 목소리가 아니었음에도 말이죠. 아마도 이렇게 이야기하는 엄마와 아이를 보는 일이 쉽지 않았기 때문일 수도 있고, 아이의 질문에 엄마가 줄줄 대답해주는 것이 신기했는지도 모르겠습니다.

아이가 질문하면 제가 아는 한, 아이가 아! 할 때까지 이런저런 이야기를 해주는 편입니다. 열심히 설명해주면, 열심히 이야기를 듣는 아이. 그 아이에게 짧은 찰나라도 최선을 다하고 싶은 마음입니다. 그렇다고 늘 이럴 수는 없죠. 엄마에게도 에너지가 생기고, 뇌세포가 말랑말랑해지는 날이 있습니다. 뭐든 기꺼이 이야기해주고 싶은 날이 생긴다면, 그날만큼은 아이와 끝까지 이야기꽃을 피워보세요.

말 그대로 꽃을 피워보는 것입니다. 씨를 뿌리고 꽃을 피우는 데까지 노력 없이 되지 않듯, 이야기에 꽃을 피운다는 것도 쉬운 일은 아닐 것입니다. 하지만 한번 꽃을 틔워본 아이라면, 엄마라면 이야기꽃이 얼마나 재밌고 이쁜지, 그리고 즐거운 일인지 알게 됩니다.

어느 하루, 정말 생생하게 꽃을 피우기 좋은 날! 아이와 함께 한 송이를 틔워보세요. 꽃봉오리가 탁! 하고 만개하는 순간의 기쁨! 그날이 오늘이길 희망합니다.

택시 안에서

Story 15

"엄마, '택시 안에서'가 뭐야?"

* *

엄마　택시 안에서 일어나는 사람들의 이야기를 연극으로 하는 건가봐. 연극 알지. 다누도 학교에서 연극 보러 갔었지. 무대에서 사람들이 재밌는 이야기를 해주잖아.

단우　가봤지.

엄마　택시 타본 적 있지? 사람들이 가고 싶은 곳을 가려고 할 때 가끔 타잖아. 택시 드라이버 아저씨들이 사람들이 원하는 곳에 데려다주고 돈을 받잖아.

단우　카드!

엄마　맞아. 카드로 돈을 지불하지. 요즘 사람들은 진짜 종이돈이나 동전을 많이 사용하지 않거든.

단우　왜?

엄마　카드에 보이지 않는 돈을 모아놔서, 모아놓은 돈을 쓰는 거야.

단우　왜 보이지 않아?

엄마　은행 알지? 저금통에 모아놓은 돈을 맡아주는 곳이잖아. 가봤지? 은행에서 돈을 저장해주고 대신 카드를 주거든. 봐봐 엄마 카드에 엄마 이름이 적혀 있지? 엄마 돈을 이 카드에 모아주기 때문에 동전이나 종이돈처럼 쓸 수 있어. 책에서 봤지?

단우 아, 어! bank book! 홍시 홍비가 그거 만들어서 장난감 샀잖아.

엄마 맞아. 엄마도 기억난다. 단우, 그걸 기억하고 있었네. 역시 멋진 걸?

단우 그럼! 난 세 살 때 했던 말도 다 기억나!

엄마 오호! (잠시) 택시 운전하시는 아저씨가 돈을 받고, 택시에 탄 사람들을 데려다주는데, 어디로 데려다 줄 것 같아? 우린 택시를 타고 어디를 갔지?

단우 기차 타러.

엄마 맞아. 그때 우리가 택시 안에서 기차를 탈 거라고 이야기했잖아.

단우 그랬지. 유나랑 윤호랑 같이 만나기로 했었지.

엄마 맞아. 그럼 택시 안에서 우린 이야기를 한 거야. 다른 사람들도 택시를 타면 많은 이야기를 해. 그래서 '택시 안에서'란 제목인 거야. 포스터에 그림을 봐봐. 택시 그림이 있지?

단우 응, 택시라고 써 있어.

엄마 맞아. 사람들은 이야기 듣는 것이나 만드는 것을 다들 좋아해. 다누도 책읽으면서 이야기 듣는 걸 좋아하잖아. 사람들이 모이는 곳에는 늘 이야기가 있어.

단우 아아! 택시 안에서 이야기를 듣는 거구나?

엄마 응, 근데 택시 말고, 버스나 기차에도 사람들이 많지. 그럼 다른 제목도 생길 수 있겠지?

단우 버스 안에서, 기차 안에서, 비행기 안에서, 할머니네 집에서, 유나네 집에서. 맞지?

엄마 응, 그러네. 다누가 잘 이해했네.

단우 왜, 사람들이 이야기를 만들어?

엄마 이야기를 듣고 기분이 좋아지거나 슬퍼지거나 행복하거나 할 수 있어. 사람은 감정을 가진 존재야. 그게 다른 동물과 다른 점이야.

단우 동물도 감정 있어. 동화책 보면 다 있어.

엄마 응, 그런 동물의 이야기조차 사람들이 상상하고, 바라서 만든 거야. 엄마처럼.

단우 엄마도 스토리텔러잖아.

엄마 응. 맞아. 난 세상에서 이야기 만드는 게 제일 재밌어.

단우 왜?

엄마 내가 제일 좋아하는 일이야. 넌 뭐를 제일 좋아하는데?

단우 나도 이야기 만드는 게 재밌지. 옛날에 다누가 엄마랑 택시를 타고 친구를 만나러 갔지.

엄마 잘한다. 다누.

단우 왜, 사람들은 이야기를 해야 돼?

엄마 왜? 음… 이야기하지 않으면, 다른 사람, 너의 생각, 너의 감정을 나누지 못하니까. 어떤 고래들은 노래를 불러서 서로 대화한다고 했지? 서로 유행가도 나눠 부르고, 가족을 찾기도 하고, 친구를 부르기도 한다고 했잖아.

단우 맞아. 고래도 노래를 부를 수 있어.

엄마 사람들은 이야기하면서, 감정을 나누는 거야. 재밌잖아. 지금 너랑 나처럼 계속 이야기하는 거지.

단우 '택시 안에서' 재밌어.

엄마 맞아. 재밌는 제목이야. 우리도 다음에 '택시 안에서'로 이야기 만들어보자.

photolog

집으로 돌아와 잠자리에서 한 번 더 포스터에 대한 이야기를 했습니다. 우리가 했던 대화들은 그 자체만으로 가장 멋진 경험입니다. 일상 중 한 번의 작은 발견이라도, 그것은 멋진 경험과 상상으로 연결될 수 있음을 알게 됩니다.

내 집 앞, 내 동네를 사랑하는, 늘 같은 것을 새롭게 바라보는 아이가 되길 바랍니다.

아이와 바로 내집 앞부터 탐색해보세요.

구름을 자주 보시나요? 저는 아이와 하늘과 구름을 자주 봅니다. 아이가 차 안에서 따분해 할 때, 동영상을 보여달라고 할 때, 아이에게 말합니다.

"어머어머, 하늘 좀 봐봐. 구름이 너무 아름답네! 오늘 구름 색깔은 어때? 흰색만 구름인 줄 알았는데, 아니었어. 저 구름 좀 봐. 주황색이네, 저 구름은 파란색, 회색, 노란색도 있잖아. 정말 신기하다!"

집 앞에 나와보니 떨어진 목련 꽃눈도 있죠.
"어머어머, 이것 좀 봐. 꽃눈이 털이 복슬복슬 났네. 고양이 털 같다. 겨울을 잘 견디려고 단단히도 입었나 보네."

지나가는 길에 포스터 제목을 보세요. 길을 걸으며 나눌 수 있는 이야기가 됩니다. 길을 지나다 보는 가로수 나무를 보세요.
"우리가 숨 쉬라고 깨끗한 공기도 주고, 그늘도 만들어 주네. 참 고맙네."
이상하게 생긴 글자도 보세요.
"저건 한자라는 거야. 일본도 중국도 우리나라도 한자로 된 말들을 쓴다. 집에 가서 엄마가 잘 쓰는 글자 보여줄까? 우리 이름에도 한자가 있어. 쓰는 건 똑같이 쓰는 데 읽는 건 또 다르네. 글자는 참 신기하지."

불빛이 켜진 빌딩들을 보세요.

"누가 이런 까만 밤에도 불을 밝히고 있을까? 어린 아이는 아닐 거야. 일찍 자야 하니까. 그럼 누굴까?"

건너편 집 벽돌, 보도블록을 보고 아이와 셈하는 놀이를 한 적이 많습니다.

아이와 어린이집 버스를 기다리며 5분, 10분씩 했던 놀이였죠.

"벽돌로 5 만들기, 벽돌로 짝수만 만지기~!"

아이가 이웃집 벽돌로 수셈을 깨우치게 되었죠.

동네 한 바퀴를 돌 때도 마찬가지.

"모양 안에만 들어가기!"

한 사람이 술래가 되면 다른 한 사람은 땅에 있는 모양 안으로 들어가서 피하는 놀이였죠.

맨홀 뚜껑, 노란 선, 계단처럼 땅바닥에는 모양이 참 많이 있습니다.

"누가 누가 노란색 많이 찾나."

산책을 나와 북악산로 산책길을 걸으며 개나리를 보고 흥분하며 서로 개구지게 셈을 하기도 합니다.

"십 백 천 만 억!"

노란 안전선 하나를 두고, 서로 수십 가지 뜀뛰기를 보여주고 따라하는 게임도 합니다.

“한 발 콩콩, 두 발 점프 점프 비~틀~비틀 착지!”

함께 할 수 있는 놀이가 바로 집 앞에 이렇게나 많습니다.

그리고 잠들기 전 우리의 작은 일상 속 빛나는 순간을 이야기하면, 일상 역시 우리에겐 가장 특별한 날 중 하나임을 알게 됩니다. 아이 눈은 한없이 반짝입니다.

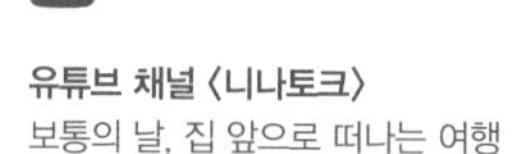

유튜브 채널 〈니나토크〉
보통의 날, 집 앞으로 떠나는 여행

가족여행

"그곳 시간 속에서 느꼈던,
가족에 대한 사랑을, 구체적으로 이야기해보세요."

'가족여행' 하면 저는 아쉬운 마음이 많이 듭니다. 남편과 함께 여행을 가는 일이 쉽지가 않죠. 게다가 남편은 서핑 마니아라서 산이나 들보다 쉬는 시간이 생기면 바다로 향하는 남자랍니다. 그러니, 남편의 그런 마음을 십분 이해하는 저로서는, 바다로 달려가는 남자를 막을 길이 없죠. 그래서 서핑을 여전히 무서워하면서도 무작정 남편을 따라갑니다. 아이를 데리고서.

그렇게 남편을 따라간 여행에서 단우와 저는 서핑을 즐기기에 바다가 무서웠죠. 하지만 남편의, 아빠의 새로운 모습을 보니 신기하고 멋져보였습니다. 가족 여행은 모두가 행복해야 의미가 있는 것 같습니다. 내가 여기저기 가고 싶은 마음으로 남편을 끌고 다닌다고 남편이 행복할 것 같지 않다고 판단했기 때문에, 저는 남편이 행복해 하는 여행에 동참하고 거기서 소소한 행복을 찾는 방법을 택했죠. (게다가 가족여행이라 봤자 큰 아들들이 참여하지 않으면, 얼마나 큰 의미겠습니까. 아무리 꼬셔도 바쁜 20대! 요놈 두 아들도 이해하는 마당에, 남편이 바다, 바다, 외치는 것 이해하는 것쯤이야 식은 죽 먹기!) 함께 가는 것만으로 의미를 찾는 여행이라면 매번 새로운 곳이 아니어도 괜찮다고 생각합니다.

그곳이 어디든, 가족으로 함께 하는 시간은 또 다른 여행입니다. 사랑을 확인하고, 몰랐던 내 가족의 모습을 관찰하고 이해해보는 시간. 저는 남편을 따라가는 여행에서 행복을 느낍니다. 평생 바다만 보겠다고 해도 따라가야겠습니다. 남편이 행복한 것을 보는 것도, 거기서 나만의 행복을 찾은 것도, 아이가 아빠를 닮아 바다를 사랑하게 된 것도, 언젠가 다 큰 두 아들까지 바다에서 서핑보드 위에 앉아 파도를 기다리는 상상을 하는 것도, 모두 다 행복한 일입니다. 가족여행을 하고 돌아와 그때 얻은 소소한 기쁨을 아이와 기억해보는 시간을 가져보세요.

이야기를 만들게 된 모티브

5세 단우는 바다를 무서워했죠. 샌들에 모래만 들어가도 싫다고 징징대던 녀석이었습니다. 그러나 어쩌겠어요. 아빠가 바다와 사랑에 빠진 서

펴인 것을요. 아이와 저는 바다에 나가 파도 타는 아빠를 보면서 조금씩 조금씩 모래에 발을 붙이고, 바닷물에 발을 적셨습니다.

그리고 어느 날 아빠의 보드 위에 아이가 타게 되었습니다. 아빠를 믿고 바다로 나갔지요. 그 순간 얼마나 놀랍고 대견하던지, 아이가 아빠와 함께 파도를 탔습니다. 그리고 제가 있는 곳을 보며 소리쳤죠.

"엄마! 파도 탔어! 아빠랑 파도 탔어! 대단하지!"

그날 저는 아이와 함께 자리에 누워 아빠와 아이가 나눈 그 찰나의 순간들을 이야기해주었습니다. 아이의 첫 모험을 진심으로 축하해주고 싶었거든요.

다누, 파도와 이야기하는 소년

Story 16

"옛날 옛날, 파도를 타는 소년, 다누가 살았지.
실은, 바다와 이야기 나누는 걸 더 좋아하는 아이였어."

✳ ✳

특히나 먼 바다 어딘가, 파도를 기다리는 아빠를 보는 게 좋았단다.

"저~기다! 아~빠아~!"

먼 바다 어느 파도 위에 서 있는 아빠를 볼 때면 심장이 두근두근거렸어. 파도가 높을 때면, 아빠는 하늘 위로 솟구치듯 날아올랐다가, 너른 바닷속으로 첨벙하고 뛰어들었지.

단우 난, 파도가 무서운데, 아빠는 안 무섭대.

엄마 다누도 오늘, 파도 위에 누웠잖아. 괜찮아.

단우 몇 번이나 빠져서 무서웠는데….

엄마 바다에서 작은 파도를 만나거든 파도에 몸을 일으키면 되고, 큰 파도를 만나거든 몸을 숙이고 파도 안으로 들어가면 돼. 그러면 파도는 다누를 지나가. 오늘, 그랬었지?

단우 그랬지. 파도가 나를 많이 지나갔어.

엄마 그래서 파도를 타는 소년 다누도 수없이 많은 파도를 만나게 되었어. 아빠처럼 하늘을 만지고 싶었거든.

'나도 아빠처럼 파도 위에서 하늘을 만지고 싶어.'

마침 소년은 아빠가 돌아오는 걸 봤지. 아빠는 세상을 다 가진 '마음부자'의 얼굴이었어.

"아빠, 아빠! 하늘을 만지고 왔어?"
"거의 그랬지."
"바다가 무섭지 않았어?"
"무서웠지."
"나도 파도 위에서 하늘 만지고 싶은데."
"하늘은 파도 위에만 있는 게 아닌데."
"어디에 또 있어?"

아빠는 소년을 영차~ 하고 들어 안았어.

"바다가 하늘이고 하늘이 바다인 걸 몰랐어?"

아빠는 껄껄~ 웃으며, 소년을 무등을 태우고 바닷속으로 천천히 들어갔어. 소년은 발끝에서 처음으로 파도 거품을 느꼈어. 보드랍고, 차가웠어. 그리고 간지럽기까지 했어. 소년은 늘 바라보기만 하던 바다에 처음 들어왔지만, 생각보다 괜찮았어. 아니, 사실은 정말 가슴이 쿵쿵댔지.

단우 난 모래 쌓기 놀이도 재밌었어.
엄마 맞아, 모래로 엄마랑 물고기나라 만들었지.

단우 응. 엄청 이뻤지.

엄마 물고기들은 바닷속을 나는 새들 같아. 그러니까 바다는 하늘과 참 비슷하지.

단우 날개가 없는데?

엄마 날개만큼 훌륭한 지느러미를 가졌잖아. 물고기들에게 지느러미는 날개와 같아.

단우 나는 지느러미도 없고 날개도 없네. 갖고 싶다.

엄마 대신, 물고기나 새를 닮을 수는 있지. 가질 수는 없지만, 닮아갈 수는 있어.

단우 어떻게?

엄마 그 처음은 바다를 무서워하지 않는 용기야. 그 용기만 있으면 다누도 바닷속 물고기처럼, 하늘 위에 새처럼 자유로워질 거야. 아주 많이.

단우 아, 그래?

엄마 응.

이제 소년은 바다가 무섭지 않았어. 아빠가 옆에 있기도 했지만, 바다로 바다로 나아갈수록, 꼭 하늘을 만질 수 있을 거 같았거든. 바다와 하늘은 꼭 하나같았지.

"저 멀리 수평선이 보이니? 저기 너머로 파도가 찾아온단다. 큰 파도 작은 파도, 모두 하늘 끝에서부터 오지. 어때, 바다가 무서워?"
"아니요, 바다를 사랑할 것 같아요. 큰 파도가 오면 몸을 펴서 넘어가고요. 작은 파도가 오면 몸을 숙이고 지나가게 할 거예요!"

아빠 말이 맞지? 바다가 하늘이고 하늘이 바다야.
"아빠, 나 하늘에 발이 계속 닿고 있네."
"차갑고, 시원하지?"

"응, 엄청! 하늘 위에서 날아볼래!"

"좋아, 그럼 온몸으로 하늘을 느껴봐."

아빠는 무등에서 소년을 내려 바닷물 위에 내려놓았어.

온몸으로 처음 바다를 만났지. 너무 좋은 느낌이었어.

어, 그런데 저기 파도가 오고 있어!

단우 큰 파도? 작은 파도?

엄마 어떤 파도야?

단우 엄마, 큰 파도인 거 같아!

몸을 숙여! 파도가 너를 지나갈 거야.

파도 속에서 하늘을 만져봐. 두 눈은 꼭 감고, 잠깐 숨도 참아보는 거야!

photolog

아빠를 따라 자주 가는 양양 죽도. 아이는 아빠를 따라 조금씩 조금씩 바다를 두려워하지 않는 아이가 되어갑니다. 우리는 주변의 경관뿐만 아니라 그곳의 사람들과 친해지는 여행을 합니다. 그곳 사람들에게 듣는 그곳만의 아름다움은 또 다른 세계입니다.
깊이 있게 용기 있게 그리고 멋지게. 그런 여행을 하는 여행자가 되고 싶습니다.

아이와 특별한 시간 함께 나눈 시간을 조금 더 구체적으로 들여다보세요.

1. 가족여행에 가서 엄마는 관찰자가 되어보세요. 아빠와 아이가 나눈 이야기, 형제들이 나눈 이야기나 일들을 바라보는 엄마의 시점으로 이야기를 시작해 보는 것입니다.

2. 그날 아빠와 무얼 했을까? 무슨 이야기를 나눴을까? 어떤 기분이 들었을까? 엄마가 맞춰보는 것도 좋아요. 아이가 힌트를 주고, 엄마가 맞춰보거나 위트 있는 농담도 좋죠.

   "예쁜 얘기 했어? 웃긴 얘기 했어? 방귀 얘기 했어? 향기 얘기 했어? 자동차 얘기 했어? 우웩 얘기 했어? 꽃님 얘기 했어? 이슬 얘기 했어? 물 얘기 했어? 불 얘기 했어?"

   일부러 아이에게 웃길 작정을 하고 농담처럼 이야기를 시작하면 아이가 마음을 열고 재밌게 자신의 기분을 이야기할 수 있어요. 위트와 농담이 잘 어우러지는 가정의 아이는 창의적인 아이가 된다고 합니다.

3. 아빠를 세상 최고 멋진 아빠로 이야기해주세요. 누나를 형을 오빠를 동생을 내 아이의 최고 멋진 친구로 만들어주세요. 작은 사건이라 할지라도, 엄마의

상상을 더해 그 순간을 가늠하듯 이야기해보는 거예요. 마치 멋진 모험을 하고 온 작은 영웅들의 이야기를 하듯, 엄마가 바라본 우리 집 영웅들 이야기를 해보세요. 여행에서 찾은 가족의 새로운 면모를 가장 멋진 말로 이야기해보세요.

평소와 다른 모습을 가족여행에서 찾아보는 일은 즐겁습니다.
매일 소파와 혼연일체 되는 아빠의 모습과 달리 이 날은 최고의 모험가 또는 탐험가 같은 아빠의 모습. 매일 투닥이던 형제자매가 아니라 함께 떠난 여행에서 서로 돕고 서로 아꼈던 세상 최고의 친구 같은 형제자매의 이야기.
엄마가 바라본 가족들의 또 다른 모습, 가족의 장점, 자연과 하나가 된 모습들을 그려보며 아이와 함께 이야기해보세요. 우리 가족이 새롭게 보였던 순간들을 함께 기억하고, 상상하며 여행의 순간들이 더 멋지게 기억될 수 있도록.

유튜브 채널 〈니나토크〉
가족여행을 다른 시선으로 바라보기

Bedtime Storytelling

Chapter 5

에필로그 성장단어

"눈을 감고 보이는 것을 하나씩 이야기해보세요.
신비롭게도 우리는 마음의 눈으로
세상을 볼 수 있다는 것을 새삼 확인하게 됩니다.
그것도 전혀 의도하지 않은 방향으로, 작은 기적을 느끼며."

아이의 언어를 기다려주기

"눈을 감으면 보이는 놀라운 것들에 대해
이야기해본 적 있나요?"

두 눈을 감으면 어떤 빛의 잔상들이 보이는 경험이 있으실 테죠. 점들이 노란 공간들 속에 떠다니기도 하고, 여러 점들이 반딧불이처럼 어두운 공간에서 춤을 추는 모습처럼 보이기도 합니다. 아이와 함께 잠에 들기 전 불빛을 끄고, 나지막한 목소리로 두 눈을 감고 보이는 것들을 설명해보세요. 처음엔 작은 점들을 찾아보라고 해보세요. 보이지 않는다고 말한다면, 조금 더 눈을 감고 조용히 집중하게 해보는 거예요.

아이는 진짜로 보이든 보이지 않든, '뭔가 보이는' 기분이 듭니다. 바로 거기서부터 아이와의 놀라운 교감이 다시 시작됩니다. 엄마는 아이의 상상을 이끌어주는 마법사가 됩니다. 엄마부터 눈을 감고 먼저 상상해볼까요. 어떤 것들이 떠오르나요. 어떤 것들이 느껴지나요. 어떤 빛이 보이나요. 엄마의 생각을 하나씩, 서툴지만 하나씩 이야기하다 보면 아이는 엄마를 따라 마법의 세계를 경험합니다.

두 눈을 감고 있는 아이와 나는, 놀랍게도 눈을 감고도 같은 세계를 같이 바라보고 있음을 알게 될 거예요. 그리고 그 상상 속에서, 우리가 지금껏 나눈 모든 이야기들, 경험들, 시간들이 아름답게 펼쳐짐을 느끼게 될 것입니다. 아이가 눈을 뜨려고 하면, 눈을 감아야 비로소 보이는 것들에 대한 이야기를 해줍니다. 눈을 감고, 고요한 순간들에 집중하다 보면, 아이는 마법의 세계를 지나 꿈이 보이는 경계에 다다릅니다. 꿈속 기차의 정거장이겠지요. 눈을 감고 보이던 것들은 아이의 꿈속으로 연결되어 펼쳐질 거예요.

"그냥 눈 감고 자자. 그래야 내일 일찍 일어나지."로 재우는 대신 가끔 잠드는 그 순간까지, 아이와 함께 해보세요. 내 아이가 어떤 세계를 보고 있는지 너무 궁금하지 않나요?

이야기를 만들게 된 모티브

단우는 에너지가 넘치는 아이입니다. 나이를 더할수록 하고 싶은 것도 놀고 싶은 것도 탐색하는 것도 많아, 늘 잠들기 전까지 바쁜 일상을 보

냅니다. 잠자는 시간이 아깝다고 생각하는 것일까요.

참을 인을 여러 번 마음에 새기면서 최대한 딱딱한 표정은 짓지 않기로 하고, 침대에서 할 수 있는 최대한의 놀이를 해주고 모든 걸 정리한 다음, 이제야 우리는 눕습니다. 그냥 자려 하나요. 그렇지 않죠. 말짱한 두 눈을 깜박이며 베개에 머리를 대고도 한참을 뒤척이지요.

아이에게 눈을 감고도 보이는 것들이 있다고 말해주니 신나게 자신이 보이는 것들을 꾸밈 반, 진짜 반 수다스럽게 이야기합니다. 그렇게 '너 한 번, 나 한 번' 눈을 감고 보이는 것을 이야기하며, 점점 작은 목소리로 말합니다. (물론 이야기하다 보면 의도치 않게 점점 졸린 목소리가 되죠.) 신이 났던 목소리는 점점 느리게, 하품을 하며 느리게 바뀌죠. 한참을 이야기하다 보면 아이도 나도 잠이 와요.

어떤 날은 엄마가 먼저 잠들고, 아이는 버티다 잠들기도 합니다. 그런데 이런 시도들을 하면서 놀랐던 것은, '아이의 상상력이 얼마나 위대한가'라는 깨달음이었습니다. 아이와 눈을 감아야 보이는 것들에 대해 이야기해보세요. 아이의 '이런 표현!'은 정말 기록으로 남기고 싶다는 생각이 드실 거예요.

눈을 감으면 보이는 것들

Story 17

"오늘 우리 단우는 엄마랑 아빠랑 죽도에 왔지.
많은 걸 보고 많은 놀이를 했지. 그리고 잘 시간이 되었네.
눈을 감고도 보이는 것들을 얘기해볼까?"

* *

엄마 다누야, 오늘은 우리 '눈 감고 보기' 하자. 뭐가 보이는지 서로 이야기해주자. 눈을 잘 감아야 볼 수 있어. 꿈 기차 타려면 십 분 정도 남았거든. 눈 감으면 어떤 점들이 보일 거야. 그 점들이 예전에 봤을 땐 음표처럼 보인다고 얘기했었지. 기억나?

단우 응. 그럼. 난 나방도 봤었잖아.

엄마 맞아.

엄마 조용히 눈 감고 보자. 어떤 것들은 눈을 감으면 더 선명하게 보여, (잠시) 응… 역시 점들이 보이네. 점들이 춤을 추고 있어. 그리고… 어디 더 볼까… 너도 보이면 얘기해줘.

단우 그래 나도 점들이 보여. 점들이 날개가 있네. (엄마가 말을 꺼내면 거기에 덧붙여 말하는)

엄마 우와, 단우가 보이는 점에는 날개가 있구나. 새야?

단우 아니, 새는 아니야. 아마 반딧불이인 거 같은데.

엄마 오, 멋지네. 엄마도 빨리 보고 싶다. 어떤 게 보이나… (작은 목소리를 유지하는) (뭔가 보이는 듯) 어, 보인다…. 다누랑 같이 놀았던 파도. (일단, 우리가 오늘 봤던 것부터 시작해보는)

단우 어, 좋네.

엄마 (더 집중해보는) 그 파도에 빛이 보여. 빛은 파도를 파랗게 보이게 만들지. 물결이 일렁이는데, 빛이 만든 파도색은 깊고 푸른색이야. 햇빛이 반사돼서 물결은 거울처럼 엄마를 비추고 있어.

우리 다누는 어떤 것들을 보고 있는 걸까. 언제든 이야기해주렴.

단우 난, 불꽃놀이의 불꽃이 보인다. 모자 쓴 고양이도 보여.

엄마 아, 난… 한자가 보이네? 큰 대. 왜 보이지?

단우 (눈 감고 웃는) 사람이 그렇게 보이는 거야. 모래 위에 누워 있겠지.

엄마 아, 그런가 보다! 다누 역시 멋지네.

단우 난, 집 실이 보여. 지붕 모양인데, 치킨집 아저씨네 지붕이랑 같거든.

엄마 와… 대단하다. (눈뜬 단우를 지긋이 보며) 눈 감고 봐야지. 그래야 잘 보이는데. 눈을 뜨면 잘 안 보일 거야. 더 자세히 보고 싶으면 눈을 감고 멀리 생각해. 마음의 눈으로 보는 거야.

단우 포도알!

엄마 포도알?

단우 보라색 포도알이 보여. 네 개의 표시가 있는 불가사리가 보여.

엄마 어떤 표시야?

단우 패턴으로 있는데, 잘은 모르겠어. 그리고 개미가 보여.

엄마 엄마는….

단우 (쉴 새 없이 보이는 이미지들을 말하는) 주황색 애벌레. 주황구두를 신은 주황벌레. A옆에 1이 보여.

엄마 A옆에 1이 보여? 1A네.

단우 응, 맞아. 모든 게 잘 보여. 신기하다.

드디어 엄마도 선명하게 보이는 걸. 들어봐. 아주 예쁜 게 보였어.

엄마 유리병 안에 물이 반 차 있고 투명한 유리병 안에 춤추는 물 구슬들이 보여. 유리병 안에는 물이 찰랑거리고 물 구슬들이 알알이 모여 있어. 무지개 색이야.

단우 난 투명한 유리병 안에 창문이 보였어.

엄마 창문! 우와, 굉장한데. 창문이 보이다니. 나도 보고 싶다….

단우 눈 잘 감고 있어? 눈을 감아야 잘 보인다.

엄마 그럼, 엄마도 눈 감고 있어. 다누도 그렇지?

단우 당연하지. 길을 걸어가던 팬시 고양이가 춤을 추는 팬시 고양이가 되었어. 위~라고 말했어.

엄마 말을 하는 고양이야?

단우 아니, 말은 하지 않고 위~라고만 해.

엄마 멋진 고양이네.

단우 파도가 보여. 거품 물에 둥둥 떠 있는 레고 피스가 보여.

엄마 (잠시 조금씩 졸리는) 엄마도 또 뭔가 보여. 문어가 보이는데, 눈이 하나 있는 문어야. 바다에서 나와서 파도 위에서 여덟 개의 다리로 수영을 하면서 우리를 보고 있네.

단우 하얀 모래 언덕에서 신발을 발견했는데 노을을 지나가는 고양이가 썰맨 줄 알고 타고 있어.

엄마 우와. 썰맨 줄 알고 신발을 탔구나. 재밌었겠다.

단우 박쥐의 한쪽 날개가 보여.

맞아. 저번에 발리 갔을 때, 진짜 박쥐 만져본 적 있잖아. 엄마는 용기가 나지 않았는데, 단우는 용감하게 박쥐를 만져봤지. 꽤 큰 박쥐였잖아. 엄마는 또 뭔가 보인다.

엄마 작은 곰 자리 옆에….

단우 큰곰자리?

엄마 응. 맞아….

단우 나도 어떤 별자리가 보여. 계속 커지고 있어. 점인 줄 알았는데. 돌이 보여. 풀도 보여. 우주에 돌이 많이 있어. 현무암이 깨진 모래가 보여.

엄마 까만 모래겠네… 제주도에서 봤지. 까만 모래. 기억나니?

단우 까만 모래가 많은 달에 크레이터가 있어. 구멍이 있고, 산호초가 달려 있어. 그리고 나는 어떤 사람들이 파라솔을 빼고 있어.

엄마 바람이 불어서 날아갈까 봐?

단우 응, 바람이랑 파도가 쎄거든.

엄마는 돌고래가 점프하는 게 보여. 친구들이랑 놀고 있어. 열 마리 만큼 많아.

단우 난 아주 투명하고 파란 인도에 사람 그림자가 있고, 거미가 숲을 지나가고 있어. 그 옆에 바닷가가 있고 산호초가 있어. 사막도 보여. 식탁에 모래가 쓸리는 것처럼 보여, 나 엄청 많이 봤지. 눈 감고.

엄마 신기하다. 정말. 눈 감고 보이는 게 참 많네.

단우 파란 눈썹이 떨어지는 것도 보이고. 맛있는 냄새가 나는 스프가 보이고. 바닷가 안에 거미들이 있어.

엄마 거미가 얼마나 크니?

단우 타란튤라만큼 커. 눈을 감고 보면 더 잘 보이니까.

우리 많은 걸 보고 있네. 엄마는 이제 점점 잠이 와.

단우 내 꿈속 기차 빨간 칸이 부서졌어.

엄마 어머…. 그럼 고쳐야지.

단우 한 사람이 고치고 있어. 그런데 고치다가 한 사람이 죽기도 했어.

엄마 너무 안됐네. 어쩌다.

단우 마음이 좀 아파.

엄마 엄마는 다누랑 얘기했던 거리의 안전 바가 보여.

단우 요리 로봇이 바닷가를 지나가고 있는 걸 봤어. 까마귀랑 같이… 사막에 개미가 땅콩을 모으고 있는 게 보여. 큰 로봇이 지나가는 데 또봇 세타였어.

엄마 정말 많이 보이네…. 이제 정말 잠이 온다….

단우 동그라미에다가 로봇의 얼굴을 그려… 로봇의 눈이 부서졌는데, 내가 고쳐야 돼… 사람이 서핑하는 것도 보여. 내가 보이는 건…. (하품하는) 정말 많아… (하품하는)

엄마 다누야… 이제 말하지 말고. 조용히 기차를 기다리자.

눈을 감고 엄마가 보이는 것부터 천천히 이야기해보세요.

1. 눈을 감으면 보이는 잔상부터 천천히 말해보세요.

2. 아이도 잔상에 집중하게 해보세요.

3. 천천히 내가 생각나는 이미지들에 집중해보세요. 분명 무언가 떠올라요. 이미지는 그림일 수도, 이야기책의 내용일 수도, 오늘 내 가족의 표정일 수도, 내가 좋아하는 어떤 동물일 수도 있어요. 내가 보이는 이미지를 이야기하며 아이에게 물어보세요. 넌 어떤 것들이 보이니.

4. 아이가 생각나지 않는다고 할 때는, 엄마의 이미지 위에 하나씩 더해보게 해주세요. 예쁜 강아지가 있는데 보이니? 꼬리가 어떻게 생긴 것 같아? 상상에 +1을 할 수 있도록 도와주세요.

5. 아이가 자신의 이미지를 이야기하면, 그 이미지에 관한 대화를 해보세요. 멋지다. 대단하다. 나도 보고 싶다. 격려하고 칭찬해주세요. 아이는 더욱 자기의 이미지에 집중할 거예요.

6. 점점 조용하게 말해주세요. 잠에 드는 것이 목표에요.

7. 눈을 감고도 보이는 것들에 대한 소중한 느낌을 기억하게 해주세요.

엄마가 먼저 보이는 것을 이야기해주는 게 좋아요.
굳이 상상의 이미지가 아니더라도, 눈을 감고 보이는 잔상에 대한 이야기를 해준다면 그 안에서도 이야기는 계속될 수 있어요.
잔상에 비치는 점이나 선을 가지고도 많은 이야기를 할 수 있지요.
눈을 뜨려고 하면 억지로 눈을 감으라 말하기보다,
따뜻한 손으로 아이의 두 눈을 덮어주며 나지막하게 이야기해보세요.
'이건 마법 같아. 눈을 감고 조용히 집중할수록 더 많은 것들을 볼 수 있지.'라고요.
처음엔 한두 번에 그칠 수 있는 이미지들이에요.
가끔 아이와 이 주제를 가지고 이야기하다 보면 아이와 내가 눈을 감고 있더라도 같은 세계를 경험할 수 있어요.
조금씩 조금씩 시도하면서 아이와 함께 잠들 때까지 이야기해봐요.

유튜브 채널 〈니나토크〉
에필로그_성장단어

아이의 언어를 기억하기

아이의 언어는 실로 위대합니다. 위대하다고 느끼는 이유는, 우리의 마음을 녹게 하고, 따뜻하게 하며, 큰 가르침을 주기도 하고, 반성하게도 하기 때문입니다. 어떤 위인과 명사의 말보다 위대한 아이의 언어를 우리는 매일 들을 수 있습니다. 얼마나 고맙고 멋진 일인가요. 저는 글을 쓰는 사람입니다. 아이가 하는 말들이 놀라워 그 순간을 놓치고 싶지 않아 글로 기록 중입니다. 아이의 말을 기록해보세요. 마치 신의 메시지를 보는 듯 감격하는, 고마운 마음으로 충만한 기록이 될 것입니다. 친구 하나가 말했습니다.

"우리는 아이의 시간을 지켜줘야 해. 아이들의 시계는 따로 있어. 아이들의 생각은 아이의 시간, 그 세계 안에서 존재해. 우리는 아이들의 시간으로 아이를 바라봐 줘야 해. 그래야 진짜로 들을 수 있고 볼 수 있어. 잠깐만 이리 와서 보세요라고 말할 때 무슨 일이 있어도 달려가 바라봐 줘야 해. '잠깐만, 나중에, 이따가' 이런 말로 아이를 기다리라고 말한다면 아이의 시계는 우리의 시계를 기다려주지 않을 거야. 너무 눈부시고 너무 찬란한데, 너무 찰나의 순간이거든. 그 시간을 놓치지 말고 아이와 함께 해주는 거야. 우리에겐 1분의 시간이지만 아이에게는 그 찰나의 순간이 평생 기억될 순간이 될 수 있으니까."

아이의 순간, 아이의 시간, 아이의 말에 귀 기울여 보세요. 찰나의 순간일지라도 얼마나 빛나는가를 느껴보세요. 그리고 기억하세요.

다누: 난 세상에서 딸기가 제일 좋아
작은형: 너 딸기에서 태어나서 그래.
다누: 내가?
작은형: 몰랐냐. 딸기에 씨 보이지. 그 씨들 중에 너도 하나였다.
다누: 작은형은?
작은형: 응, 난 원래부터 지금 모습이었어. 원래 멋졌어.
다누: (깊게 수긍하는) 아...그래...그럼 큰형은?
큰형: 나? 난... 망고에서 태어났어.

단우 엄마, 나 꿈꾸는 거 같아.

엄마 왜?

단우 그냥, 엄마랑 이렇게 있는데, 꿈꾸는 거 같아. 이거 꿈이야?

엄마 아니.

단우 엄마, 꿈은 꿈이라서 좋고, 엄마는 엄마라서 좋아. 엄마는 항상 나랑 같이 있어주거든. 어제 꿈에도, 지금도. 사랑해. 엄마.

엄마 나도 사랑해. 다누.

단우 안아줘. 우리 꼭 껴안자.

엄마 응, 안아줄게. 다누야.

단우 응?

엄마 있잖아….

단우 응.

엄마 엄마도… 꿈꾸는 거 같아.

(그리고 얼마 후 잠자리에서 갑자기)

다누 엄마, 옆에서 보니까 작은형인 줄 알았어. 작은형은 멋있으니까….

엄마 작은형이 멋있긴 하지.

다누 (갑자기 울먹이는) 나도 엄마가 젤로 좋은데…(눈물 뚝뚝 흘리는) 나만 딸기씨라고….

엄마 (입술을 깨물며 웃음 참는) 작은형 닮아서 엄마도 멋있게 보이냐.

다누 응. 아앙…!

엄마 (속으로) '왜 서러움?'

엄마 (달래듯) 야, 큰형도 망고에서 태어났잖아.

엄마 (속으로) '삼형제 어록이다….'

다누 딸기도 맛있고 엄마도 좋은데 나더러 어쩌라구…! (토닥토닥×10)

다누, 돌아눕다 잠이 든다.

#형아들 말에 고민하다

#딸기와 엄마 사이에 갈등하는

#혼자 서러운 6세

엄마: 하나님은 노아할아버지에게
비와 홍수로 세상을 씻어내고 사람들의 폭력과 싸움을
멈추려 하셨어.
단우:아, 때밀듯이?사람이 때라고 생각해봐.
하나님이 때를 밀고 다 씻어낸 거지. 깨끗해지라고.
엄마: 아...어.. 그렇지.. 왜, 남탕에서 처음 때민게
생각났어?
단우: 응, 시원하더라.
엄마: 그랬구나...

(혼자 남탕에 처음 들어가 세신아저씨에게 때를 민
경험이 노아의 방주이야기로 연결되었나.
아이들의 신비로운 생각들... 그들은 하나님의
메신저임이 틀림없다.)

#노아의 방주에 관한 6세 해석

#첫 남탕 출입 #세신 아저씨와 무슨 이야길 했을까

#농담이 진담 같고 진담이 농담 같은 너와 나의 수다

엄마 돌고래는 태어나서 첫 숨을 쉬는 것도 배워야 하고, 엄마 젖을 찾는 것도, 엄마 젖을 먹는 것도 엄청 힘이 든대. 숨을 참는 법도 배워야 하고. 그런데 엄마 돌고래는 아기 돌고래가 자라도 물고기를 먹여주지 않는대. 혼자 힘으로 먹게 하는 거야. 다누는 6살인데 엄마가 먹여줄 때가 많지 않아?

단우 엄마 돌고래 나빴다.

엄마 아니지. 모든 동물은 어른이 되면 엄마 곁을 떠나야 하니까, 강하게 자라라고 그러는 거야. 근데 다누는 강한 사람이 돼야 할 텐데, 큰일이네. 6살이나

되었는데 어떡하지.

단우 나는. 스물 한 살이나 스물 다섯 살에 떠날게.

엄마 (웃음 나오는) 둘째 형, 첫째 형 나이네.

단우 어. 히히. 잠깐 귀 대봐.

엄마 응?

단우 (속삭이는) 안녕, 난 다섯 살 다누야.

엄마 다섯 살 다누 안녕?

단우 (속삭이는) 난 빨리 크고 싶지 않아.

엄마 왜?

단우 엄마랑 오래 살 거야.

엄마 아, 그래? 근데 그거랑 엄마 찌찌 만지고 자는 건 무슨 상관이지….

단우 귀 대봐.

엄마 왜?

단우 안녕, 난 세 살 다누야. 엄마랑 오래 살려고 애기처럼 구는 거야.

엄마 (깨닫는) 아, 그랬구나. 엄마는 몰랐네. 다누도 귀 대봐.

단우 응, 왜?

엄마 안녕, 세 살 다누야, 다섯 살 다누야? 난 여섯 살 다누 엄마야. 우리 다누가 엄마랑 오래오래 살려고 애기처럼 구는지는 정말 몰랐네. 요즘 자꾸 엄마 찌찌 만지려고 하고, 혼자 자기 싫다고 하고, 늦게 자려고 하길래, 왜 그런가 했어. 근데 아기처럼 어려지고 싶었구나. 빨리 크면, 엄마랑 빨리 헤어질까봐?

단우 응. 맞아.

엄마 에이, 그것도 몰랐네. 근데 여섯 살 다누야. 그래도 노력을 해봐. 넌 뭐든지 할 수 있잖아. 제일 큰 문제는…. 찌찌를 몇 살까지 만지게 해야 하나야.

단우 에이, 오늘만이야. 오늘만 세 살 다누야.

엄마 아, 그런 거지? 휴우 다행이다.

단우 엄마 귀 대봐.

엄마 응?

단우 근데 왜 엄마랑 나랑 같이 자고 있냐.

엄마 내 말이. 너 요즘 그러더라고.

단우 에이, 알겠어. 내일부터는 꼭 혼자 잘게. 약속해. 오늘만 꼭 안아주고 자.

#혼자 자든, 같이 자든 어떠니

#하기 힘든 건 조금 연습하고 #하기 힘든 건 조금 노력하고

#그렇게 할 수 있는 게 많아지면 #네가 자랐다는 거야

#멋지게 자라면 돼

#돌고래처럼 너의 세계로 가렴 #바라보고 도와주고 함께 해줄게

#네가 원하는 그 마지막 순간까지

엄마 엄마 아빠는 서로 말하는 걸 좋아하고, 서로 만나면 너무 재밌고 신나서 더 많이 이야기하고 싶었어. 매일매일 만나 대화하고 싶었어. 너랑 나처럼. 그래서 함께 살기로 했지. 결혼은 함께 살자고 하는 귀한 약속이거든?

단우 꿈속에서 엄마 아빠 결혼식 갔는데… 할머니랑 같이 엄마 아빠 결혼식에 갔어. 근데 문을 열지는 못했어. 엄마 아빠를 못 봤기는 했어.

엄마 그랬구나. 아쉬웠겠네.

단우 내가 너무 늦게 나와서 엄마 아빠 결혼하는 걸 못 봤잖아. 내가 볼 수 있게 기다리지 그랬어. 문밖에서 내가 얼마나 기다렸는데.

엄마 엄마도 기다렸지. 열 달이나 기다렸지.

단우 아, 맞아. 열 달 엄마도 기다려줬구나.

#우리는 서로 사랑하니까

#오랫동안 기다려주자

#서로를 위해, 서로를 향해

단우 엄마, 참새한테 부탁해볼까요?"

엄마 뭐를?

단우 구름이 너무 맛있어 보여요.

엄마 그러네?

단우 솜사탕 같아요.

엄마 그래, 그런 것 같다.

단우 참새한테 조금만 떼어달라고 부탁해볼까요?

#네 살 단우, 교회 가는 길

#어느 화창한 주일 아침에

프리뷰

엄마들의 잠자리 대화 이야기

엄마 후기 1 아이는 엄마에게, 엄마는 아이에게 빠져드는 신기한 경험

가을맘

아이 나이가 36개월 만 3살이 가까워질수록 아이의 장점보다는 단점이 더 많이 보이기 시작했다. 사실 아이는 아무런 잘못이 없다. 그저 엄마가 참지 못하고 기다리지 못하고 눈 감아 주지 못할 뿐. 몇 번이고 잠자리에서 대화를 시도해보았다.

하지만 나도 내 감정이 정리되지 않은 터라 대화 형식이 아닌 나 혼자만의 일방적인 대화를 하고 있음을 깨달았다. 그리고 아이가 자기 감정을 이야기하기에는 아직 어렸다. 그렇게 악순환이 반복되었고, 어떠한 방법이 옳을지, 어떻게 하면 좋을지 고민만 하다가 아이에게 편지를 써보기로 했다.

평소에 좋아하는 캐릭터와 갖고 싶어 했던 물건은 선물 포장하고 아이가 좋아하는 색의 색종이에 편지를 써 내려갔다. 쓰면서도 이게 무슨 의미가 있을까 싶었지만, 선물의 힘을 믿어보기로 했다.

예상외로 아이의 반응은 신기했다. 엄마가 본인에게 써주는 첫 번째 편지라는 첫 문장부터 집중하고 경청했다. 그렇게 두 장의 편지를 읽고 아이에게 선물을 건넸다.

그래, 어느 정도의 효과를 기대하지는 않았으나, 지금 이 순간 나는 최선을 다했고 아이에게 내 감정을 최대한 쉽게 진심으로 전달하고 싶었으니 목적 달성에 의미를 두었다.

오호라, 편지의 효과가 지속되었다.

조금 흐트러질 때면 엄마가 선물해준 물건을 함께 가지고 놀 때 다시 상기되는 것 같았다. 그리고 나도 아이와 그 물건으로 함께 놀 때면 다시 마음을 다잡곤 했다. 그렇게 며칠이 지나고 내 마음속에서 아이의 고쳐지지 않는 행동을 볼 때마다 참고 억눌렀던 화가 폭발했다. 지나고 나니 참 모질이 갔다는 생각이 든다. 아이를 잠자리에 눕히고 대화를 시도했다.

엄마 가을아, 엄마랑 얘기 좀 하자. 엄마가 가을이한테 편지 썼지? 뭐라고 썼는지 기억해?

가을 잘 모르겠어요.

엄마 엄마가 가을이한테 뭐라고 썼는지 잘 모르겠어? 엄마 부탁이 뭐였는지 기억해?

가을 네, 생각나요. 엄마 말 잘 듣는 거요.

엄마 엄마는 가을이랑 대화를 하고 싶어.

가을 엄마 말 들을 거예요.

엄마 가을이 엄마에게 화나는 거 있니?

가을 (고개를 절레절레)

엄마 그런데 왜 엄마가 말을 안 들을까?

가을 엄마가 혼내서요.

엄마 가을이가 엄마랑 약속했는데 지켜주지 않아서 엄마가 화가 났어. 그렇게 생각해? 가을 이가 엄마 말 잘 들었는데 혼낸 적이 있을까?

가을 아니요. 없어요.

엄마 가을이 엄마한테 혼나면 속상해 안 속상해?

가을 속상해.

엄마 엄마도 가을이가 엄마 말 안 들어주고 울고 떼쓰면 엄마도 속상해서 마음이 아파. 그리고 가을이가 엄마한테 혼나서 울고 소리 지를 때마다 엄마도 속상해서 엄마 마음에서 눈물이 흘러, 가을이 눈에서 눈물 나지? 엄마는 마음속에서 눈물이 흐르고 있어.

엄마가 가을이한테 약속 지켜달라고 하는 게 밥 먹을 때, 씻을 때, 잠자는 시간이지. 우리 약속했잖아. 엄마는 다른 거 없어. 그 약속 안 지킬 때만 가을이한테 화냈던 것 같아. 가을이가 할 수 있다고 했잖아.

가을 네, 맞아요.

엄마 가을이가 엄마한테 화나 가고 하고 싶은 이야기가 있으면 엄마한테 이야기 해줬으면 좋겠어. 그럼 엄마가 잘못한 건 가을이에게 사과하고 엄마가 그렇게 하지 않도록 할게. 가을이는 엄마한테 바라는 거 없어?

가을 엄마가 안아주는 거.

엄마 엄마가 가을이 속상하지 않게 예쁘게 말하는 방법을 잘 생각해볼게. 엄마가 미안해. 가을이 마음도 아프게 하고 눈물 나게 해서.

아이는 나에게 바라는 것도 없고 그저 자기를 안아주기를 바라고 혼나고 나서도 엄마가 좋고 사랑한다고 말하는 아이이다. 그동안 나는 이 아이에게 무슨 잘못을 저지르고 있었는지. 내 아이의 감정을 어루만져주는 일, 나 아니면 누가 할 수 있을까?

아이의 눈높이에 맞춘 대화를 지속적으로 이어가고 시도하는 것, 어른뿐 아니라 아이의 감정 상태를 지속적으로 살피는 것, 잘못한 행동에 대해 그날 바로 사과할 것.

단 며칠 동안 아이는 눈에 띄게 달라졌다. 더 밝아졌고, 아이 본연의 모습에서 더 자기를 뽐내는 모습을 보여주었다. 아이가 이야기했다.

"엄마 화내지 말아 주세요. 그렇게 이야기하면 가을이가 속상해요."

조금씩 본인 감정에 솔직해지는 날을 느리고 천천히 걸어가 보려고 한다.

최애 캐릭터가 돼보자

아이가 요즘 푹 빠져 있는 〈겨울 왕국〉 중에서도 엘사.

가을 엄마는 안나고, 나는 엘사야. 안나 우리 소풍 갈까?

엄마 좋아. 엘사 언니, 우리 어디로 갈까?

가을 내가 배를 준비했어! 우리 배 타고 떠나는 거야.

엄마 울라프도 함께 가자. 그런데 큰일이야 지금 크리스토프가 많이 아프데. 우리가 구조해줘야 해!

가을 그래, 얼른 배를 타.

엄마 울라프 닻을 올려! 언니 속도가 너무 느려, 언니가 얼음 바람으로 돛을 움직여줘!

가을 알았어. 좌! 어때?

엄마 오, 좋아 좋아! 우리 빨리 가서 크리스토프를 구출해주자.

가을 도착했어! 울라프 닻을 내려!

엄마 자, 이제 크리스토프를 태우자! 언니 너무 무거운데 우리가 못 할 것 같아! 내가 들것을 가지고 올게!

가을 그래? 그럼 내가 마시멜로를 부를게! 좌~ 마시멜로, 크리스토프를 안아줘!

엄마 언니 이제 출발하자. 크리스토프가 너무 아픈 것 같아.

가을 닻을 올리고 출발. 바람을 좌~. 빨리 가자.

엄마 그래, 언니 빨리 가자!

가을 어! 근데 저기 파도가 오고 있어~.

엄마 저 파도가 엄마 아빠를 삼켰잖아. 언니 너무 무서워! 어떡하지?

가을 잠깐만, 내가 파도를 얼릴 거야. 좌좌좌~.

엄마 으악, 무서워 언니~~~.

가을 걱정 마. 촤촤촤~. 이제 됐어! 가자~~.

엄마 우와, 우리 언니 최고~~~. 언니, 도착했어. 근데 우리 성까지 너무 멀어서 크리스토프를 빨리 옮겨야 할 것 같은데, 언니가 얼음 미끄럼틀을 만들어줘.

가을 알았어! 촤촤촤~ 우리 이거 타고 성까지 빨리 가자.

엄마 언니 덕분에 무사히 성에 도착했어! 의사 선생님을 모셔올게.

가을 안나, 우리 크리스토프에게 고구마죽을 끓여주자.

엄마 좋은 생각이야.

가을 언니! 크리스토프가 죽을 먹고 금방 나았대.

엄마 언니 덕분이야~ 고마워 언니~~~.

가을 그럼 이제 크리스토프랑 소풍 갈까?

엄마 내가 케이크랑 샌드위치를 만들어줄게. 촤촤촤~.

아이가 늘 관심 있던 엘사와 엘사의 엄마 아빠가 돌아가시는 장면이 기억에 남았는지 그 장면을 이야기에 넣었다. 그리고 배를 이야기하니 책에서 본 배의 닻과 돛이라는 용도를 알고 그 이야기를 꺼내었고, 119 출동에 한참 또 빠져 있는 아이는 구조 작전에 실감 나게 뛰어들었다.

한참을 아이와 함께 상상 놀이를 하니 나도 모르게 동심으로 돌아갔고, 아이의 관심사를 알 수 있는 시간이었다. 캐릭터와 장면 하나하나, 대사 한 마디 한 마디에 감정이입을 하니 시간 가는 줄 모르고 놀았다. 그럴수록 아이는 엄마에게, 엄마는 아이에게 빠져드는 신기한 경험까지 했다. 아무도 모르는 우리만의 시공간에서.

엄마 후기 2 ‘엄마표’가 아닌 엄마와 아이가 ‘함께’ 만들어 나갑니다

해진 님

2016년, 한 살

서른하나에 한 아이의 엄마가 되었습니다. 그렇게 삼십대에 접어든 제가 엄마 나이 한 살이 되었습니다. 먹고 자고 울기만 하는 아기가 얼른 커서 엄마와 대화하며 혼자 밥도 떠먹고 손잡고 걸어다녔으면 하는 생각뿐이었습니다.

저의 커리어, 외모, 이런 단어는 모두 잠시 내려놓기로 했습니다. 바쁜 회사생활 대신 아이의 수유텀, 낮잠텀에 맞추어 생활하고 흔적조차 보이지도 않는 허리라인에 아기띠 차림이니 이젠 어딜가든 ‘애기엄마’라고 부릅니다. 그렇게 애기엄마로 일년을 보냈습니다.

2017년, 두 살

아이가 두 살이 되고 저의 엄마 나이도 두 살이 되었습니다. 이젠 육아에 노하우가 생기니 틈틈히 여유도 생깁니다. 우연히 인터넷을 통해 알게 된 ‘엄마표’는 신세계였습니다. 인터넷에 검색하자마자 방대한 자료, 카페, 콘텐츠들에 엄청난 후기까지 보고나니 마음이 헛헛합니다. 제법 커서 혼자 걸어다니는 아이를 보니 발등에 불떨어진 것처럼 마음이 급해지고 지난 일 년 동안 난 무엇을 하며 살았는지 후회스러워 자책도 해봅니다. 육아 틈틈이 ‘엄마표’ 자료를 모으며 두 살을 보냈습니다.

2018년, 세 살

아이 세 살, 엄마도 세 살이 되었습니다. 이제 아이는 혼자서 글씨 쓰는 흉내도 내고, 가위질도 능숙하게 곧잘 하고, 독서도 좋아합니다. 혼자 노는 아이를 보고 있노라면 입가에 미소가 지어지다가도, 인터넷에서 본 영어로 말하며 글씨까지 읽는 다른 세 살 아이를 생각해보면 한숨이 푹푹 나옵니다.

아이가 놀고 있는 중간에 영어그림책을 읽어주며 스터디 인증을 완료하고 아이가 잠들고 나면 엄마표영어 강의를 들으며 프린트를 오리고, 코팅합니다. 유명하다는 엄마표 카페를 쫓아다니며 홍수처럼 쏟아지는 자료들을 꾸역꾸역 밀어담으면서 엄마표라는 산을 정복하리라 마음먹어 봅니다. 손과 귀가 바쁘고, 몸과 마음도 바쁜 세 살이 지나갑니다.

2019년, 네 살

올해 아이 네 살, 엄마 나이도 네 살입니다. 지난 일 년 동안 엄마표라는 망망대해에서 파도에 휩쓸려 이리저리 치이느라 너무 지쳐 이제는 카페 스터디도 엄마표 자료도 휴업입니다. 아이에게 아웃풋을 은근히 기대해보지만 아이는 아직 때가 안 되었나봅니다.

그렇게 지쳐갈 무렵 저에게 한 줄기 햇빛처럼 니나님을 만났습니다. 무언가 느낌이 다른, 뿜어져 나오는 에너지가 다른, 무엇보다 아이를 대하는 방식이 다른 니나님은 저에겐 큰 충격이었습니다.

용기 내어 아이와 눈을 바라보며 서로의 생각을 그리고 마음을 이야기해봅니다. 아이에게 안고 사랑한다 말해주니 아이가 기다렸다는 듯 "나도 사랑해, 엄마" 하며 볼 뽀뽀를 해주는 순간 눈물이 핑 돕니다. 저는 무엇이 바빴는지, 무엇에 그리 치이며 살았는지. 당장 제 눈앞에 놓인 것들만 따라가려고 급급했나 봅니다.

이제 저희 집은 '엄마표'가 아닌 엄마와 아이가 '함께' 만들어나갑니다. 아이와 함께 삐뚤빼뚤 종이를 잘라 만들고, 책에 나온 과학실험을 하고, 같이 영어 DVD를 보며 대화하고, 잠자리 대화로 소통합니다. 아이와 함께 즐길 수 있는 지금 이 시간, 하루하루가 저에겐 더없이 행복하고 소중합니다.

2020년, 다섯 살

아이들이 나이를 먹을수록 엄마인 저도 엄마 나이를 먹으며 아이와 함께 성장하고 있습니다. 아직은 어려 조금 미숙하더라도, 조금 돌아가더라도, 조금 실수하더라도, 결국 목표가 확실하다면 언젠간 도착할 수 있을 거라 기대해봅니다.

그렇게 아이와 엄마인 제가 내년 다섯 살을 준비하고 있습니다. 내년 일 년 동안 어디로 어떻게 뻗어나갈지 가슴 벅찬 상상을 해보며 먼 훗날 뿌리깊은 나무로 성장하길 바라봅니다.

꽃잎 요정과 공주님 이야기

엄마 옛날 옛적에, 한 나라에 예쁜 공주님 두 명이 살고 있었대. 공주님들은 밥도 잘 먹고, 잠도 잘 자고, 마음도 고와서 둘이 사이좋게 잘 지냈대. 그래서 다른 사람들이 두 공주님을 엄청 좋아했대.

아이 또?

엄마 언니 공주님은 4살, 동생 공주님은 2살이었대. 공주님 옆나라에 엄마처럼 생긴 엄마 공주님이 살고 있었는데, 그 공주님도 네 살이었대.

아이　(손가락을 펴면서) 4살?

엄마　응. 맞아. 신기하지?

아이　음 엄마, 이건 어때? 엄마 공주님은 두 살 하는 거야. 그럼 언니 공주님은 네 살, 동생 공주님은 여섯 살 하라고 하는 거야. 재밌겠지?

엄마　좋아!

아이　아, 생각만 해도 신나. (동생을 보며) 여섯 살 언니~.

엄마　그럼, 우리 셋이 뭐하고 놀까.

아이　내가 오늘 어린이집에서 배운 노래를 알려주는 거야. 손이 시려워 꽁. 발이 시려워 꽁. 엄마랑 아가랑 따라해야 돼.

엄마　응, 알겠어. 손이 시려워 꽁!

아이　꽁! 꽁! 꽁!

엄마　엄마도 꽁! 꽁! 꽁!

아이　재밌다. 너무 재밌어.

엄마　공주님들은 사이가 엄청 좋았대. 동생 공주님하고 엄마 공주님은 언니 공주님을 많이 사랑했대.

아이　동생하고 엄마가?

엄마　그럼. 많이 많이 사랑한대.

아이　(부끄러워하며) 키키키.

엄마　그럼 언니 공주님도 동생 공주님과 엄마 공주님을 사랑하려나? 궁금하다.

아이　엄청 사랑하지. 당연히

엄마　그래?

아이　(동생을 안으며) 사랑해. (엄마를 안으며) 사랑해.

엄마　(언니를 안으며) 사랑해. (동생을 안으며) 사랑해.

아이　재밌어! 그 다음 이야기 또 해줘.

엄마 그 다음엔 공주님들이 뭐하고 놀까?

아이 음, 이번엔 다같이 소풍을 가는 거야. 어때?

엄마 그래. 멋진 들판에 꽃도 있고 큰 나무도 있는 곳으로 소풍을 가자.

아이 좋아. 나는 소풍 도시락이 있으면 좋겠어.

엄마 그럼 우리 주먹밥 도시락을 만들어가자. 이렇게 꾹꾹.

아이 저번에 주먹밥 만들어 먹었을 때 맛있었어. 나도 만들래 꾹꾹.

엄마 주먹밥 도시락을 들고 예쁜 꽃들이 있는 들판으로 소풍을 왔어. 그런데 어? 무슨 소리가 들리는 것 같지 않아?

아이 무슨 소리? 아무 소리도 안 나는데?

엄마 조용히 잘 들어봐. 꽃잎 사이에서 무슨 소리가 들리는 것 같아. (목소리를 작게) 저기~ 꽃잎 사이에 누군가 있어. 누구지?

아이 누군데?

엄마 (목소리를 작게) 목소리를 작게 이야기해야 볼 수 있나봐.

아이 (목소리를 작게) 누군데?

엄마 우와. 꽃잎 요정이다!

아이 꽃잎 요정?

엄마 응. 꽃잎 요정이 공주님들을 따라서 같이 소풍을 왔나봐. 꽃잎 요정 안녕? 너도 인사해봐.

아이 꽃잎 요정 안녕?

엄마 꽃잎 요정이 우리에게 선물을 주겠대. 도시락 선물이다! 샌드위치 도시락이래.

아이 맛있겠다! 나 먹어볼래.

엄마 세 개니까 우리 한 개씩 나누어 먹자. 냠냠.

아이 냠냠. 맛있다. 꿀맛이야.

엄마 어! 어어!!!

아이 왜 그래?

엄마 꽃잎 요정이 준 샌드위치를 먹으니 몸이 작아진다~ 어~~~~~.

아이 작아져?

엄마 응. 너도 곧 작아질 거야. 놀래지마~ 작아진다~~~.

아이 키키키 나도 작아졌어.

엄마 우리 셋 다 꽃잎 요정처럼 작아졌어.

아이 재밌다 신기해! 그럼 나비처럼 작아진 거야? 나 꽃 사이를 날아다녀볼래.

엄마 그래. 우리 같이 손잡고 꽃 사이를 날아다니면서 나비에게 인사하자. 안녕.

아이 나도 해볼래. 안녕~

엄마 이제 작아졌으니 뭘 해볼까?

아이 음. 우리 블록쌓기 해보자.

엄마 좋아. 우리 힘을 합쳐서 높이높이 쌓아보는 거야.

아이 그래. 내가 먼저 쌓고 그 다음 엄마도 쌓아봐.

엄마 엄마 쌓고 이번엔 동생 공주님도 쌓아보세요.

아이 동생아, 너도 해봐~.

엄마 우와, 우리가 블록을 계속 쌓다 보니 하늘까지 쌓았어. 하늘에 닿은 것 같은데 우리 한번 블록을 따라 올라가볼까?

아이 하늘까지 올라가는 거야?

엄마 응. 우리가 쌓은 블록을 밟고 하늘나라로 구경가는 거야.

아이 재밌겠다. 나도 갈래.

엄마 자, 이제 한 계단씩 밟고 올라가는 거야. 영차 영차.

아이 나도나도. 영차 영차.

엄마 짠. 하늘나라에 도착했다!

아이 하늘엔 뭐가 있을까?

엄마 한 번 둘러볼까~.

아이 엄마, 여기에 집이 있어. 들어가볼까?

엄마 누구 집일까. 우리 무서우니까 다같이 손잡고 들어가보자.

아이 좋아. 나도 무서우니까 같이 갈래.

엄마 끼이익. 여기 누구 계세요? 누구 집인가요?

아이 누가 있어?

엄마 아무도 없는 것 같아. 집을 둘러볼까?

아이 무서워. 누가 오면 어떻게 해.

엄마 어! 저기 식탁에 물이 있다. 우리 목마르니까 물 마시자.

아이 나도나도. 엄마랑 같이.

엄마 꿀꺽꿀꺽. 어! 어어어어! 어~~~~~.

아이 왜 그래?

엄마 엄마가 또 변하고 있어!

아이 왜왜? 어떻게?

엄마 몸이 점점 커지고 있어~~~~.

아이 나는? 나도나도?

엄마 꺅, 도착했다.

아이 어디야? 어디 간 거야?

엄마 이제 몸이 다시 커져서 공주님 마을로 돌아왔어.

아이 진짜?

엄마 응. 언니 공주님이랑 동생 공주님, 그리고 옆나라 엄마 공주님으로 돌아왔대.

아이 아~~ 벌써? 또 해줘~.

엄마 오늘은 여기까지. 공주님들도 피곤하대. 얼른 자야지.

아이 그럼, 내일 또 해줄 거야?

엄마 물론이지. 내일도 공주님들이 모여서 다같이 놀러가는 거야. 좋지?

아이 응. 얼른 자고 내일 또 놀러갈 거야.

엄마 그래. 잘 자고 내일 만나요. 공주님~.

아이 응. 엄마, 엄마 공주님도 잘 자요~.

엄마 언니 공주님, 동생 공주님 잘자요~.

엄마 후기 3 엄마의 사과 편지

김쌤 님

둘째가 태어나기 전까지 첫째와 저는 무엇을 하든 여유가 있었던 것 같습니다. 첫째가 네 살이 되고 어린이집을 다니기 시작하고, 저는 둘째를 출산하였습니다.

그렇게 1년 2년 흐르고 보니 저는 언제 그렇게 여유가 있던 사람이었나 싶을 정도로 아이들에게 재촉하고, 몸이 피곤하다는 이유로 짜증을 많이 내는 엄마가 되어 있었습니다.

하루는 아이들을 시간 맞추어 등원시켜야 하는데 집안일까지 겹치다 보니 저의 짜증은 머리끝까지 나 있었습니다. 그 짜증은 고스란히 아이들에게 전달되었습니다. 서두르지 않는 아이들에게도 화가 나고 그렇게 밉게 화를 내고 있는 내 자신에게도 화가 나는 동시다발적 감정으로 화는 멈추지 않았고 아이들에게 엄마 없이 둘이서 등원하라고 내보냈습니다.

그렇게 아이들은 엄마 눈치를 보다가 둘이 손을 잡고 밖으로 나갔습니다. 다행히 바로 앞 동 위치에 있는 유치원이었지만 베란다 먼 발치에서 손을 잡고 둘이 터벅터벅 걸어가는 아이들의 뒷모습을 보니 마음이 너무나 아파왔습니다.

그저 내가 너희들의 엄마이고, 내가 어른이고, 내가 힘이 더 세다는 이유로 아이들에게 마음대로 행동한 것 같아 부끄럽고 너무 미안했습니다. 미안했지만 애들도 금방 잊겠지 하고 지나칠 수도 있었습니다.

그렇게 그저 속상하게만 여기고 그냥 넘어갈 수도 있었는데, 니나님의 이야기가 저에게 도움이 많이 되었습니다. '아이들에게도 솔직하게 내 감정을 이야기하고 사과한다면 그들도 진심으로 받아줄 것이다. 그렇게 자식과 친한 친구 사이가 되어 보자'라고 조언해주신 것이 생각나, 그날 오후, 저는 미안한 마음을 편지로 써서 작은 사탕 선물과 함께 첫째에게 사과를 전했습니다.

자식에게 전하는 사과 편지이다 보니 조금은 긴장되었는데 퉁명스럽게 웃으면서 괜찮다 말하고 아무렇지도 않게 편지를 집어넣는 아들을 보니 괜히 서운하더군요. 나 혼자 진지했었구나, 역시 아이들은 금방 잊는구나.

그날 저녁 저는 또 짜증을 냈습니다. 사과 편지가 무색하게, 그리고 아들의 말에 마음이 너무 아팠습니다. 울면서 "엄마가 쓴 편지는 다 거짓말이야!"라고 저에게 소리치더라고요.

또 한번 작가님의 이야기가 떠올라 반성을 했습니다. 아이가 둘이지만 아직도 육아와 교육에 있어서는 초보인 저에게 길잡이 같은 니나 작가님, 늘 감사합니다.

엄마 후기 4 다연이와의 이야기 〈낚시친구〉

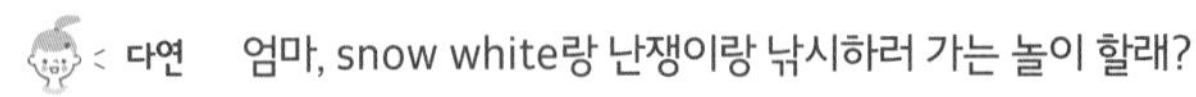

다연 엄마, snow white랑 난쟁이랑 낚시하러 가는 놀이 할래?

엄마 자야 하는데, 지금… 그럼 엄마가 이야기 해줄게. 낚시하러 가는 이야기. 어때?

다연 좋아.

엄마 snow white가 왕자랑 같이 낚시를 하러 갔어. 그런데 다리를 다쳐서 일하러 가지 못한 난쟁이 한 명도 함께 갔지. 낚시를 가려고 라면도 5개 한 묶음들이 하나 사고, 낚싯대도 사람 수에 맞춰서 3개 사고, 이것저것 장비들을 사서 낚시를 하러 갔지 뭐야. 처음에 snow white가 고기 3마리를 잡았어. 대박. 뭐야~ 완전 snow white는 어부였네.

다연 어부가 뭐야?

엄마 물고기 잡는 사람. 물고기를 잡아서 파는 사람을 어부라고 해. 그리고 왕자가 잡았는데 어머. 세상에 웬일이니? 4마리를 한꺼번에 잡은 거야. 세상에. 누가 더 많아?

다연 왕자.

엄마 왕자가 몇 개 더 많은 거지? 아까 공주가… 몇 개 잡았더라… 보자….

다연 3개!

엄마 3개! 맞다~! 3개 잡았으니… 왕자가 몇 개 더 많은 거지?

다연 한 개!

엄마 오, 맞다~! 3보다 하나 더 많은 게 4니까. 그래서 왕자 어깨가 하늘까지 올라갔구나.

다연 그게 무슨 말이야?

엄마 자랑스러워서 뿌듯한 마음에 으쓱으쓱 어깨가 하늘까지 간다는 뜻이야. 그 다음에는 무엇을 할까? 뭘 하면 좋을까?

다연 라면 먹어야지!

엄마 푸하하. 그래, 라면 먹어야지. 평소에는 3개를 끓였는데, 오늘은 4개를 끓였어. 왜 그런지 알아? 3개를 끓이면 양이 이만큼인데 모자랄 것 같았어. 오늘은 많이 먹을 거거든! 먹고 나서 난쟁이가 낚시를 할 차례가 되었지. 그런데 어머 세상에. 이건 말이 안 되지! 난쟁이가 세상에! 7개를 낚은 거야. 7개면 세상에, 제일 많은 거 아니야? 지금?

다연 제일 많아.

엄마 그래 제일 많아. 왕자가 몇 개였지?

다연 4개.

엄마 그럼 왕자보다 몇 개가 더 많은 거야?

다연 4개, 다섯 개, 여섯 개, 일곱 개… 3개?

엄마 맞아 맞아! 3개라니 엄청나다! 그런데 난쟁이는 공주를 좋아하잖아. 집 청소도 해주고 밥도 해주니까, 엄마처럼 예쁘고. 그래서 공주한테 2개를 선물로 줬어.

난쟁이 공주야, 네가 두 개 가져가. 나는 이만큼 필요 없어.

엄마 그래서 공주는 몇 개가 된 거지? 3개였으니까, 두 개 받아서. 짠~ 5개가 되었네?

다연 그럼 왕자보다 더 많아?

엄마 오, 그렇지. 왕자보다 공주가 한 개 더 많아졌어. 그럼 난쟁이는 몇 개가 된 거야? 7개였는데… 두 개를 공주한테 주고 나니까, 보자… 두 개 주니까… 오! 5개네. 어? 잠깐. 그럼 공주가 몇 개? 5개. 난쟁이가?

다연 5 개. 똑같네? 어? 엄마, 공주랑 난쟁이가 언니네? 왕자는 4살이고 공주는 5살이네?

엄마 아, 그렇게 되는 건가? 하하. 그런데 보니까 왕자가 삐졌어. 자기가 져서 속상하대. 그래서 입이 이만큼 나온 거야. 그래서 착한 공주가 "우리 나누지 말고 다 같이 합쳐서 나눠먹어요." 했지. 모두 좋다고 말하고 큰 바스켓에 고기들을 넣었어. 공주가 5개, 난쟁이가 5개, 왕자가 4개. 어라? 그럼 다 몇 개가 되는 거야? 손가락으로 해봐도 돼. 엄마 좀 도와줘. 엄마가 손이 모자라서 다 안 된다. 엄마가 5개에 5개 했더니 열 개가 됐고, 다연아. 손가락 4개만 펼쳐봐. 그래 됐다. 모두 14개가 되었네! 그래서 바스켓에는 14마리의 물고기가 팔딱팔딱거렸지.

다연 그럼 이제 다 빵 살이네~ 아하하하하하.

엄마 그러네~. 이제 다 똑같이 친구가 됐네. 애기친구~. 그래서 다 가지고 집으로 가서 일하고 돌아온 6명의 난쟁이들하고 같이 맛있게 음식을 만들어 먹었대. 모두 아홉 명이지? 아홉 명이 하나씩 먹고, 생선 5개가 남아서 냉동실에 넣어뒀대. 내일 또 먹을 거래. 다연이도 내일 생선 구워줄게.

다연 뭐야, 우리 집 냉동실에 넣어둔 건가? 아하하하하하.

엄마 그러게~ 다연이도 친구라서 나눠주려고 했나 보다. 좋겠네, 다연이는. 이제 자자. 그래야 생선 먹지. "친구들아, 고마워 잘 먹을게~" 하고 자.

다연 친구들아, 고마워 잘 먹을게~

엄마 다연이도 잘 자.

바른 교육 시리즈 ⑩

잠자리 대화의 기적

초판 1쇄 인쇄 2020년 11월 12일
초판 1쇄 발행 2020년 11월 17일

지은이 김동화
펴낸이 장선희

펴낸곳 서사원
출판등록 제2018-000296호
주소 서울시 마포구 월드컵북로400 문화콘텐츠센터 5층 22호
전화 02-898-8778
팩스 02-6008-1673
전자우편 seosawon@naver.com
블로그 blog.naver.com/seosawon
페이스북 @seosawon **인스타그램** @seosawon

총괄 이영철 **편집** 이소정 **마케팅** 권태환, 이정태, 강민호
디자인 조성미

ISBN 979-11-90179-46-1 14590
979-11-90179-48-5 (세트)

이 도서의 국립중앙도서관 출판예정도서목록(CIP)은 서지정보유통지원시스템 홈페이지
(http://seoji.nl.go.kr)와 국가자료종합목록시스템(http://www.nl.go.kr/kolisnet)에서
이용하실 수 있습니다.(CIP제어번호 : CIP2020046358)